W0300386

FISCHER LOGO

für den Spielraum im Kopf

Ein Kaleidoskop logischer Unterhaltung,
rätselhafter Spiele
und verständlich verfaßter Wissenschaft

Mit der Postulierung der Quantentheorie beginnt eine neue Ära in der physikalischen Wissenschaft – eine Umwälzung des Vorstellungsbildes vor allem vom Mikrokosmos der Atome. Die Wissenschaftler, die mit ihren Forschungen ins Innere der Atome vordringen, versuchen so die feinsten Strukturen der Materie zu ergründen sowie der Kräfte, die dort am Werk sind.

Stichwörter wie Elektronen, Protonen, Neutronen und Quarks markieren die Meilensteine einer Wissenschaft, die diese Phänomene mit immer größerer Präzision zu beschreiben versucht.

Weil es dem Autor gelingt, »unvorstellbare« Vorgänge anschaulich zu erklären, läßt sich beispielsweise auch für den interessierten Laien leicht nachvollziehen, welche Bedeutung die Quantentheorie für die moderne Vorstellung vom Beginn des Universums hat – ein Zustand, für den so oft das Schlagwort »Urknall« gebraucht wird.

Dabei bleibt Weisskopf nicht bei den rein wissenschaftlichen Aspekten seines Forschungsgebietes stehen, sondern macht sich in diesem Buch auch Gedanken über Sinn und Zweck der physikalischen Grundlagenforschung, über ihre soziale Relevanz und ihren ethisch-moralischen Kodex – nicht zuletzt angesichts der grauenhaften »Nutzanwendung« dieser Forschung: den Atomwaffen.

Victor Weisskopf ist Professor am weltberühmten Massachusetts Institute of Technology (MIT) in Boston. Er stammte ursprünglich aus Österreich und mußte, wie so viele Gelehrte, während des Dritten Reiches aus Deutschland emigrieren. An der dynamischen Entwicklung der Physik in diesem Jahrhundert hatte er stets vollen Anteil genommen: als Schüler von Niels Bohr, als Mitglied der Forschergruppe in Los Alamos, als Direktor des europäischen Kernforschungsinstituts CERN in Genf.

Victor Weisskopf

Die Jahrhundertentdeckung: Quantentheorie

Aus dem Französischen von
Gabriele Herbst

Fischer
Taschenbuch
Verlag

Deutsche Erstausgabe
Veröffentlicht im Fischer Taschenbuch Verlag GmbH,
Frankfurt am Main, April 1992

Die französische Originalausgabe ›La revolution des quanta‹
erschien 1989 im Verlag Hachette, Paris

Umschlaggestaltung: Manfred Walch, Frankfurt am Main
Umschlagabbildung: H. W. Franke/H. Helbig
Gesamtherstellung: Clausen & Bosse, Leck
Printed in Germany
ISBN 3-596-10772-5

Inhaltsverzeichnis

Einleitung

Victor Weisskopf ist einer der bedeutendsten Physiker unserer Zeit.

Er wurde 1908 in Wien geboren, war 1929 Schüler von Max Born in Göttingen, dann Assistent von Erwin Schrödinger in Berlin; 1933 arbeitete er im sowjetischen Charkow mit Lew Dawidowitsch Landau zusammen. Danach begegnete er als Stipendiat der Rockefeller-Stiftung Niels Bohr in Kopenhagen, dann in Cambridge Paul Dirac. Gegen Ende seiner Studien wurde er Mitarbeiter von Wolfgang Pauli in Zürich und ging dann zurück zu Niels Bohr, der ihn wie so viele andere aufnahm, als er Deutschland während des Dritten Reiches verlassen mußte. Erwähnt man nun noch die Namen Werner Heisenberg, Enrico Fermi und Albert Einstein, mit dem er in all diesen Jahren in Verbindung stand, dann wird klar, daß Victor Weisskopf zu den Menschen gehört, die der Physik ihr heutiges, für den »gesunden Menschenverstand« so fremdes Gesicht gegeben haben.

Über sein wissenschaftliches Werk schreibt sein Freund, der Nobelpreisträger für Physik Hans Bethe: »Victor Weisskopf hat zahlreiche, wichtige Publikationen über die Theorie der elektromagnetischen Felder und über die Elektrodynamik, die Kernphysik und die Physik hochenergetischer Teilchen verfaßt. Drei seiner Publikationen haben die Entwicklung der Physik bestimmt.« Ein ähnliches Urteil stammt aus der Feder eines anderen Nobelpreisträgers, der als einer der scharfsinnigsten Köpfe dieses Jahrhunderts gelten darf: Richard Feynman.

Nichts verdient daher mehr die Aufmerksamkeit eines breiten Publikums als die durch die Quantentheorie eingeleitete Revolution des physikalischen Weltbildes. Weisskopf erklärt, daß seiner Ansicht nach die Wissenschaftler immer die Pflicht hatten, der Öffentlichkeit verständlich zu machen, was ihre Entdeckungen bedeuten, welchen Sinn ihre Spekulationen haben und wie sie arbeiten. Er ist dabei schon mehrmals mit gutem Beispiel vorangegangen.

Doch Victor Weisskopf ist nicht nur ein großer Theoretiker und ein leidenschaftlicher Pädagoge; er war auch an den Ereignissen beteiligt, die das »soziale Schicksal« der heutigen Physik – auf Gedeih und Verderb – bestimmt haben. 1937 emigrierte er in die USA; 1943 gesellte er sich auf die Initiative von Julius Robert Oppenheimer zu der Forschergruppe von Los Alamos, die die Atombombe entwikkelte. Seit dem Tag im August 1945, als die Bombe über Hiroshima explodierte, steht das schreckliche Problem der militärischen Anwendung wissenschaftlicher Ergebnisse der Kernphysik im Zentrum seines Denkens. Dieses kleine Buch gibt Zeugnis davon. In dieser Hinsicht ist es ein echtes Dokument.

Von 1960 bis 1965 ließ sich Victor Weisskopf vom berühmten Massachusetts Institute of Technology (MIT), an dem er unterrichtete, beurlauben und wurde Leiter des Physikalischen Grundlagenforschungsinstituts CERN (Centre européen de recherche nucléaire) in Genf. Genau zu diesem Zeitpunkt gingen nach achtjähriger Bauzeit die ersten großen Teilchenbeschleuniger in Betrieb. Weisskopf hatte also vor allem Entscheidungen mit schwerwiegenden wissenschaftlichen, politischen und finanziellen Folgen zu treffen, denn von diesen Entscheidungen hing die Ausstattung des CERN-Instituts in den siebziger Jahren ab.

Daher enthalten die letzten Seiten dieses Buches Überlegungen zur Wissenschaftspolitik, zu der Notwendigkeit staatenübergreifender Forschung, zu den Veränderungen, die der »Beruf« des Physikers im Rahmen wissenschaftlicher Großprojekte erfahren hat. Außerdem analysiert Weisskopf das Verhältnis von Wissenschaft, Technik und Gesellschaft. All dies sind Schlußfolgerungen aus einer außergewöhnlichen Erfahrung, die Victor Weisskopf uns vor Augen führt.

Diese Seiten sind wie die vorhergehenden klar und präzise und ohne jeden mathematischen Formalismus, und sie brechen mit einigen gängigen, überkommenen Vorstellungen über die Geschichte der modernen Physik.

Die Geschichte ist gekennzeichnet durch die Entdeckung immer feinerer Grundstrukturen der Materie; in der Tat wird sie häufig auf dem Hintergrund einer Denktradition dargestellt, deren Ursprung im antiken Griechenland liegt. Man erinnert gern daran, daß der Ausdruck »Atom« aus dem Griechischen stammt und wörtlich »unteilbar« bedeutet; man betont, daß Leukipp von Milet, ein Schüler von Zenon von Elea und Gründer der Schule von Abdera im Jahre 420 v. Chr., als erster in seinen Werken die »atomistische Hypothese« aufstellt; und Demokrit übernimmt das Wesentliche von ihm.

In der Tat erklärte Demokrit im Rahmen der Leukippschen Kosmogonie, daß die unendliche Masse, in der die Samen aller möglichen Welten lägen, aus unendlich vielen Teilchen bestünde, die wegen ihrer Kleinheit unsichtbar, unteilbar, völlig massiv, ewig und von gleichem Aussehen seien, als Gesamtheit jedoch unendlich viele verschiedene Formen in sich bergen.

Bekanntlich ließ Epikur im folgenden Jahrhundert die Physik Demokrits wieder zu Ehren kommen. Er führte jedoch in das atomistische Modell eine grundlegende Neuerung ein: Wenn die Atome ihre Eigenschaften prinzipiell nicht ändern, kann ihre Bewegung nicht mehr gradlinig von oben nach unten erfolgen, wie Demokrit annahm, sondern mußte geringfügig davon abweichen. Ursache dieser Abweichung war vor allem die Begegnungen der Atome und somit die Bildung der stabilen, wenn auch vergänglichen Aggregate, die die sichtbaren Körper darstellen.

Die Vorstellung, daß die Materie aus Elementarteilchen bestehe, die sich in verschiedener Weise miteinander verbinden, kam einer heute als zutreffend erkannten Einsicht schon sehr nahe; allerdings setzten sich Aristoteles und seine theologischen Interpreten, die sie ablehnten, durch, und diese Vorstellung versank für lange Zeit im Dunkel. Erst im 17. Jahrhundert wurde sie von dem Philosophen Pierre Gassendi, dem Chemiker Robert Boyle und schließlich von Isaac Newton wiederbelebt. Zum ersten Mal sollte sich damit ihr wissenschaftlicher Wert erweisen.

Ebendiese Einsicht hatte John Dalton geleitet, als er in den ersten Jahren des 19. Jahrhunderts die moderne Atomtheorie begründete. Dalton war ein Universalgelehrter, der sich für Meteorologie genauso wie für Physik und Chemie, Grammatik und Linguistik interessierte; berühmt wurde er durch die Untersuchung einer Fehlsichtigkeit, die seitdem den Namen Daltonismus trägt. Er vertrat die Auffassung, jedem chemischen Element entspreche ein spezielles Atom: Sauerstoff, Wasserstoff, Kohlenstoff und so weiter. Darüber hinaus schuf er eine symbolische Schreibweise der Elemente und kombinierte diese Symbole zu den ersten Formeln chemischer Verbindungen. Diese Notation und diese Formeln waren noch weit von dem entfernt, was später allgemein eingeführt wurde. Doch das spielt keine Rolle: Mit Dalton wurde das Atom zu einem Schlüsselbegriff der Chemie. Und das berühmte Periodensystem der Elemente, das Dimitri Iwanowitsch Mendelejew 1869 aufstellte, bestätigte schlagend, welche Möglichkeiten in dieser Vorstellung steckten.

Auch wenn Dalton seine Untersuchungen in der Nachfolge von Antoine-Laurent de Lavoisiers und Joseph Priestleys Arbeiten über die Eigenschaften der Gase sah, so muß man doch betonen, daß er seine Theorie nicht auf der Grundlage regelrecht durchgeführter Experimente ausgearbeitet hat, sondern sozusagen spekulativ, also a priori. Darin beweist sich aber nur, daß seine Erkenntnis weiterwirkte.

Dann geht Weisskopf auf den großen Streit zwischen Chemikern und Physikern zu Ende des Jahrhunderts ein, der die Atomisten und die Anhänger des Energetismus entzweite. Der Hauptvertreter des Energetismus, der Deutsche Wilhelm Ostwald, vertrat den Standpunkt, die einzige grundlegende Realität sei nicht die Materie, sondern die »Energie«; er proklamierte die »Niederlage des Atomismus« und prangerte das Atom als metaphysische Fiktion an. So zeigt Weisskopf, daß sich die moderne Atomphysik als wissenschaftliche Umsetzung einer jahrtausendealten intuitiven Einsicht darstellt.

Zweifellos gibt es die atomistische Tradition in der Geschichte des Denkens. Sie hat einige der heftigsten philosophischen Debatten ausgelöst, denn die Frage, woraus die Materie besteht, ist nicht nur eine physikalische Frage, sondern berührt auch unmittelbar die Religion und die Politik.

Man denke nur an Epikur: Seine atomphysikalischen Einsichten brachten ihn dazu, tiefverwurzelte abergläubische Vorstellungen größtenteils abzulehnen, wohingegen die stoische Philosophie diese unterstützte, ob es sich nun um die göttliche Vorsehung, den Glauben an ein Schicksal, an Wahrsagung und Vorzeichen oder die Unsterblichkeit der Seele handelte. Epikur war überzeugt, daß der

Volksglaube die Menschen nur ängstigte und beunruhigte; die Physik interessierte ihn deswegen, weil sie in seinen Augen die Menschen von diesen Ängsten befreien konnte. Die Philosophie Epikurs mußte für ihre emanzipatorischen Visionen bezahlen: Jahrhundertelang wurde sie verlacht, verachtet und verleumdet.

In diesem Zusammenhang mag es nützlich sein, daran zu erinnern, daß zweitausend Jahre später der Streit zwischen Atomisten und Energetisten so nachhaltige ideologische und politische Nachwirkungen hatte, daß 1908 Lenin glaubte, persönlich zugunsten des Atomismus einschreiten zu müssen.

Doch man sollte auch darauf hinweisen, daß die atomistische Tradition durch eine mitunter rein spekulative, materialistische, philosophische Strömung, die jedoch häufig politisch wirksam wurde, mehrere tiefreichende Umbildungen erfahren hat. Wie wir gesehen haben, ist schon der Atomismus, den Epikur von Demokrit »übernimmt«, ein völlig anderer. Hegel und dann Marx, letzterer in seiner Dissertation *Die Differenz der demokritischen und epikureischen Naturphilosophie* (1841), haben betont, daß sich durch die Einführung der berühmten »Deklination« in die Bewegung der Atome entgegen dem Augenschein der Begriff des Atoms tiefgreifend verändert hat. Inwiefern kann man also sagen, daß der Atomismus von Boyle und Dalton durch die Theorien der Antike inspiriert wurde? Das Atom, ursprünglich der Kernbegriff einer Kosmogonie, war zu einem Konzept geworden, das bestimmte chemische Reaktionen erklären sollte: Wurde da nicht einfach nur das Wort tradiert?

Welche Position man auch in dieser strittigen Frage einnehmen mag, der Nachweis des Elektrons durch Joseph John Thompson im Jahre 1897, dann einige Jahre später das berühmte Planetenmodell von Ernest Rutherford – es stellt das Atom als ein aus Elementen zusammengesetztes System ähnlich dem Sonnensystem dar, in dem die Elektronen auf Bahnen um den Kern kreisen –, versetzte der Vorstellung des Atoms, die sich in der Antike gebildet hatte, den Todesstoß: Ab jetzt ist es nicht mehr möglich, es für unteilbar oder durch und durch massiv zu halten.

Doch Victor Weisskopf zeigt, daß sich 1913 eine echte Revolution des Denkens ereignet. Als Bohr das Quantenkonzept auf das

Planetenmodell anwendet, will er damit nicht bloß einfach ein schon vorhandenes Modell vervollkommnen. Wenn man, so erklärt er, den Aufbau des Atoms und die Kräfte, die seine Bestandteile zusammenhalten, kennenlernen will, muß man sich entschlossen von den zentralen Begriffen der klassischen Mechanik lösen, die für die makroskopische Welt gelten, und zum Beispiel erklären, wie ein Planetensystem funktioniert.

Natürlich spricht man weiterhin von Bahnen, doch diese ähneln kaum noch den Umlaufbahnen der Planeten, da die Wechselwirkungen zwischen Elektronen und Kernen Gesetzen gehorchen, die sich jeder gewohnten Erklärung entziehen – insbesondere weil in diesem Bereich nicht ein Kontinuum, sondern Diskontinuität herrscht. Sogenannte diskrete Quantitäten weisen den Elektronen definierte Positionen zu, denen bestimmte energetische Zustände entsprechen; von einem Zustand zum anderen gibt es keinen Übergang, sondern einen Sprung: den Quantensprung.

Man könnte sagen, daß der atomistische Grundgedanke heute keinen Wert mehr für die Forschung hat; er kann der Physik weder zu richtungsweisenden Ideen verhelfen noch sie zu neuen Experimenten anregen. Im Gegenteil, das Denken muß sich, Gaston Bachelard zufolge, gerade gegen diesen Gedanken, gegen die »Metaphysik des Staubes«, die seine Anziehungskraft im wesentlichen ausmachte, durchsetzen, wenn es zu einem Verstehen der neuen Begriffe durchdringen will.

Im Grunde ist gar kein anschauliches Bild mehr hilfreich, weil es notwendigerweise aus unserer Welt stammt, und in dieser herrschen die Gesetze der klassischen Mechanik, und von den damit verbundenen Vorstellungen gilt es gerade sich freizumachen. In diesem Sinn ist es tatsächlich berechtigt, die zeitgenössische Physik als »schwierig« zu bezeichnen: Wenn man, soweit es den atomaren Bereich betrifft, mehr wissen will, muß man etwas *Anderes* wissen.

Es hat sich eingebürgert, die durch die Quantentheorie hervorgerufene Revolution in einer Weise darzustellen, von der sich Victor Weisskopf energisch distanziert.

Wenn man in den atomaren Bereich vordringt, kann man den Zustand eines Objekts nicht beobachten, ohne damit zugleich diesen

Zustand zu verändern, da die Energie, die für die Beobachtung aufgewendet werden muß, die des gesamten Systems bei weitem übersteigt. Da Beobachtungsergebnisse in der Atomphysik statistischen Charakter haben, kann die Theorie das Eintreffen eines bestimmten, isolierten Ereignisses nicht mehr voraussagen. Bekanntlich hat Werner Heisenberg dieses Paradox 1927 unwiderlegbar formuliert und mit Hilfe einer damals hochkomplizierten Mathematik bewiesen, daß es sich dabei nicht um eine simple technische Schwierigkeit handelt, die eines Tages überwindbar sein könnte, sondern um eine prinzipielle Unmöglichkeit. Das hat man unglücklicherweise die Unbestimmtheits- oder Unschärferelation genannt.
In dieser Bezeichnung hat man einen grundlegenden Verstoß gegen das Prinzip des Determinismus sehen wollen. Dem Determinismus zufolge sind alle Ereignisse Wirkungen bestimmter Ursachen, so daß man aus genau definierten Bedingungen die Wirkungen exakt vorhersagen kann. Da diese These seit Pierre-Simon Laplace zu Beginn des 19. Jahrhunderts die Rolle eines wissenschaftlichen Ideals spielte, schloß man daraus, daß die Physik mit der Quantentheorie in eine tiefe Krise geraten sei, in der sie ihre gesichertsten Bastionen preisgegeben habe.
Hatte nicht Heisenberg selbst erklärt, man hätte hier eine grundlegende, tief in unserem Erkenntnisvermögen verankerte Unmöglichkeit vor sich, die physikalischen Phänomene zu verstehen? Man glaubte, eine Auflösung der physikalischen Wirklichkeit mitzuerleben; und wenn man dann noch die Beobachtungsapparatur mit dem Beobachter und den Beobachter mit dem subjektiven Bewußtsein gleichsetzte, war der Weg offen für abenteuerliche philosophische Spekulationen, die die Materie auf einen bloßen Modus des Geistes reduzierten. Aufgrund solcher Spekulationen wollten noch bis vor kurzem bedeutende Physiker in der Quantenmechanik Argumente zugunsten der Parapsychologie, der Telepathie oder der einen oder anderen östlichen Theologie sehen.
Aber um es kurz zu machen, Victor Weisskopf hält sich aus solchen wirren Debatten heraus: Die Realität, mit der sich die Quantenmechanik beschäftigt, so erklärt er, ist nicht weniger real als diejenige, die die klassische Mechanik untersucht, auch wenn es um eine andere Größenordnung geht; nicht der Begriff der Unbe-

stimmtheit steht im Zentrum der Quantenphysik, sondern der der Identität. Heute ist bekannt, warum die Atome eines Elements identisch sind (zwei Goldatome zum Beispiel sind absolut gleich, egal von welcher Stelle der Erde sie stammen) und worauf ihre charakteristischen Eigenschaften beruhen. Damit ist unser Wissen über die Materie sehr viel genauer geworden, auch wenn sich diese Genauigkeit in Wahrscheinlichkeitsberechnungen ausdrückt.
Man wird sehen, wie sich dies in der von Weisskopf so genannten quantentheoretischen Stufenleiter von den niedrigsten zu den höchsten Energien bestätigt.
Auch wird an mehreren Beispielen die theoretische Integrationskraft der heutigen Physik deutlich: Je genauer sie die inneren Bestandteile des Atoms und des Kerns erforscht, desto mehr Phänomene kann sie theoretisch miteinander verknüpfen. Man denke nur an die chemischen Eigenschaften der Elemente: Da sich die Physik das Atom wieder angeeignet hatte, konnte Bohr zu Beginn der zwanziger Jahre das Mendelejewsche Periodensystem quantentheoretisch begründen, und manche Physiker gingen dann sogar so weit, der Chemie jedes Recht auf theoretische Eigenständigkeit abzusprechen. Die moderne Astronomie hat ebenfalls von der Erforschung des Kerns und der Teilchen profitiert: Sie bezieht daraus einen wesentlichen Teil ihrer Fragestellungen, ihrer Begriffe und ihrer Methoden.

Im Denken von Victor Weisskopf zeigt sich der tiefreichende Einfluß seines Lehrers Niels Bohr. So beherrscht das Komplementaritätsprinzip die philosophischen Positionen, die Weisskopf gegen Ende seines Buches entwickelt. Ich erinnere daran, zu welchem Zweck und mit welch präziser Begrifflichkeit Bohr dieses Prinzip im September 1927, einige Monate nach der Formulierung der Heisenbergschen Unbestimmtheitsrelationen, eingeführt hatte: Mit dem Komplementaritätsprinzip berücksichtigt Bohr die Doppelnatur des Lichts (als Teilchen und als Welle). Er erklärt, es sei kein Widerspruch, wenn man annimmt, daß ein entsprechender physikalischer Sachverhalt entweder als Welle oder als Teilchen vollständig ausgedrückt werden kann. Man habe es in Wirklichkeit mit zwei verschiedenen, komplementären Sprachen zu tun, wenn man Strahlungsphänomene beschreiben will.

Allgemeiner gesehen, so fährt er fort, muß die Quantenmechanik die Begriffe »Beobachtung«, »Phänomen«, »Messung« etc. neu überdenken, da »jede Beobachtung atomarer Phänomene eine nicht vernachlässigbare, wechselseitige Wirkung zwischen dem beobachteten Objekt und dem Meßinstrument erfordert«. Man muß sich also von alten Denkgewohnheiten lösen und »unsere Formen der Einsicht, die auf seriellen Beobachtungen beruhen, an ein sich vertiefendes Wissen über die Naturgesetze anpassen«. Das Komplementaritätsprinzip will also die Notwendigkeit zweier korrespondierender Sprachen für zwei Denkweisen (klassisch und quantentheoretisch) und für zwei Realitätsebenen begründen; daran ist nichts Widersprüchliches.

Wie bekannt, erhob sich gegen diese Folgerung auf dem berühmten Kongreß von Solvay, der einen Monat später in Brüssel die besten Physiker der Welt zusammenbrachte, eine starke Opposition. Zu den prominentesten und dezidiertesten Gegnern der Komplementarität gehörte Einstein, der sich immer geweigert hatte, die Suche nach einem einheitlichen Weltbild aufzugeben; schon 1949 schrieb er in einem Brief: »Es scheint mir ein Irrtum zu sein, eine theoretische Beschreibung zuzulassen, die direkt abhängig ist von empirischen Bestätigungshandlungen, wie es vor allem das Komplementaritätsprinzip von Bohr vorzusehen scheint, das ich außerdem trotz der Mühe, die ich darauf verwendet habe, nicht verstanden habe.«

Im Laufe der Jahre jedoch maß Bohr diesem Prinzip mehr und mehr Bedeutung zu und erweiterte seinen Geltungsbereich auf biologische, moralische und politische Phänomene aus.

Victor Weisskopf benutzt den Ausdruck in diesem erweiterten Sinn und weist damit die Thesen derjenigen zurück, die glauben, jedes Phänomen könne durch die Wissenschaft vollständig erklärt werden, und die andererseits das wissenschaftliche Denken als von Natur aus entmenschlichend verunglimpfen. Am Beispiel einer Beethovensonate zeigt er, wie man zwei komplementäre Erklärungsweisen gelten lassen kann – und es auch tut –, die beide der Eigenart der Phänomene gerecht werden, die sie jeweils erfassen: die Erklärungsweise der Naturwissenschaften (die Sonate als akustisches und physiologisches Phänomen) und die »Erklärung« der Sonate als künstlerische und ästhetische Erfahrung.

Ob man nun der Philosophie der Komplementarität zustimmt oder nicht, man kann sich beim Lesen dieser Seiten einer Wahrheit nicht entziehen, die durch die heutige Wissenschaftsgläubigkeit etwas aus dem Blick geraten ist: Das Denken eines großen Wissenschaftlers ist Denken im wahrsten Sinn des Wortes; es ist niemals ohne spekulativen Wagemut, und die intellektuelle Neugier treibt es weit über die Grenzen seines Forschungsgebietes hinaus.

Dominique Lecourt

I Niels Bohr und die quantentheoretische Revolution

Das Rad der Geschichte dreht sich schneller

Es ist fraglich, ob man die Wissenschaftsgeschichte als Abfolge von Sprüngen beschreiben kann. Selbst wenn ein Bruch unbestreitbar auf der Hand zu liegen scheint, finden sich doch bald wieder Unterströmungen des Denkens, die neue Theorien und Begriffe mit solchen aus der Vergangenheit verknüpfen.

Nehmen wir als Beispiel die spezielle und die allgemeine Relativitätstheorie. Sie gilt vielen als absolute Neuerung in der Physik am Beginn dieses Jahrhunderts. Sie war die geistige Frucht einer Persönlichkeit ohnegleichen und stellte sicherlich ein neues begriffliches Gerüst dar, mit dem die Mechanik, die Elektrodynamik und die Theorie der Gravitation vereinheitlicht werden konnten; sie begründete eine noch nicht dagewesene Auffassung von Raum und Zeit.

Eigentlich bin ich der Meinung, sie wäre in gewissem Sinn besser als »Theorie des Absoluten« bezeichnet worden. Man hätte so all die Widersinnigkeiten und philosophischen Mißverständnisse, die mehr oder weniger ausgeklügelten Spitzfindigkeiten vermieden, die in dieser Theorie ein Argument zugunsten des Relativismus sehen wollten. Als ob Einstein einfach hätte sagen wollen, daß »alles relativ« sei! Auch hätte man mit obiger Benennung zugleich das unterstrichen, was an dieser Theorie wirklich neu ist: Mit ihr können wir zum ersten Mal die Naturgesetze unabhängig von jedem Bezugssystem formulieren; genau gesagt heißt das, daß wir ihnen mit dieser Theorie eine absolute Bedeutung zuschreiben können.

Genau dadurch hätte man auch ihre Verbindung mit der Wissenschaft des 19. Jahrhunderts gekennzeichnet. Die Relativitätstheorie stellt nämlich in gewisser Hinsicht viel eher die Krönung und

die Synthese der Physik des vergangenen Jahrhunderts dar, als daß sie mit der klassischen Tradition bräche, wie man es so oft lesen kann.
Dagegen möchte ich den Ausdruck »Revolution« lieber im Zusammenhang mit der Quantentheorie verwenden; allerdings will ich dabei betonen, daß sie die Gesetze der klassischen Mechanik keineswegs abschafft, soweit es sich um die Bewegung von Körpern oberhalb der atomaren Ebene handelt. Schließlich berechnet man Satellitenumlaufbahnen immer noch auf der Grundlage der Newtonschen Mechanik und Radiowellen mit Hilfe der Elektrodynamik von Michael Faraday und James Clark Maxwell.
Die Quantentheorie jedoch stellte tatsächlich einen Vorstoß ins Unbekannte dar; mit ihrer Hilfe dringt man in eine Welt von Phänomenen ein, die sich nicht in das Vorstellungsgebäude der Physik des vergangenen Jahrhunderts einfügen lassen. Um die Quantentheorie zu begründen und weiterzuentwickeln, mußte man eine neue physikalische Sprache und Denkweise schaffen. Durch sie erschloß sich der Einsicht des Menschen die Welt der Atome und Moleküle mit ihren diskreten Energiezuständen, charakteristischen Spektren und chemischen Bindungen. Man kann mit Fug und Recht behaupten, daß sich die Physik zu Beginn dieses Jahrhunderts radikal verändert hat. Und diese Veränderung geht auf die Quantentheorie zurück.

Bevor ich die Stadien dieses außergewöhnlichen, intellektuellen Abenteuers nachzeichne – ich hatte das Glück, seit den Jahren 1929/30 daran teilzunehmen –, möchte ich zuerst einmal die Aufmerksamkeit darauf lenken, was die Quantentheorie von der, wie man sie jetzt rückblickend nennen muß, klassischen Physik unterscheidet.
Zu Beginn unseres Jahrhunderts standen die Physiker immer noch im Bann der Entdeckung zweier grundlegender Naturkräfte: der Schwerkraft und der elektromagnetischen Kraft. Die Entwicklung der klassischen Mechanik von Galilei und Newton bis zu Joseph-Louis Lagrange und William R. Hamilton hatte gezeigt, daß auf der Erde und im Universum dasselbe Naturgesetz galt, nämlich das Gravitationsgesetz. Die Elektrodynamik, im 19. Jahrhundert von Faraday, Maxwell und Heinrich H. Hertz entwickelt, hatte die

entscheidende Rolle elektrischer Phänomene in der Materie deutlich gemacht; die Entwicklung der kinetischen Gastheorie und der Thermodynamik hatte dazu geführt, die Materie als atomare und molekulare Strukturen aufzufassen. Doch damals konnte man die Eigenschaften der Materie noch nicht erklären: Man leitete sie nicht aus grundlegenderen Begriffen ab, sondern begnügte sich damit, sie zu messen und sie als stoffspezifische Eigenschaften zu formulieren: Elastizität, Kompressibilität, spezifische Wärme, Viskosität etc.

Natürlich vermuteten die Physiker des 19. Jahrhunderts, daß die Kräfte, die zwischen den Atomen herrschten, bei der Bestimmung dieser Eigenschaften eine wichtige Rolle spielten. Maxwell zum Beispiel untersuchte die Abstoßungskräfte zwischen Gasmolekülen. Doch es gab kein Mittel, um zu erkennen, welchen Ursprung diese zwischenatomaren Kräfte hatten; auch ihre Größe konnte man nicht bestimmen.

Außerdem glaubte man, daß die Untersuchung der Eigenschaften der verschiedenen Elemente für die Physik nicht relevant sei; man überließ es den Chemikern, sie zu analysieren und zu systematisieren, wie das Unternehmen Mendelejews und dessen heute noch bewundernswerter Erfolg – das Periodensystem der Elemente – zeigt. Nicht daß man die spezifischen Eigenschaften der verschiedenen Atome bzw. Elemente ignoriert hätte, doch ihre Erforschung wurde, wieder einmal, aus der Physik ausgeschlossen und der Chemie anvertraut.

Außerdem: Selbst wenn man nach der Entdeckung des Elektrons durch Joseph J. Thompson im Jahre 1897 hätte wissen können, daß die Elektronen ein wesentlicher Bestandteil des Atoms waren, so hätte doch die Physik, so wie sie damals war, keinen Hinweis darauf geben können, welche Strukturen im Inneren der Atome zu erwarten gewesen wären.

Mit der Quantentheorie sollte sich das alles ändern: Die Struktur des Atoms wird schrittweise klar, das Elementensystem von Mendelejew wird neu interpretiert, die Struktur der Metalle und Kristalle wird aufgeklärt, die Karten zwischen der Physik und der Chemie werden neu verteilt.

Dabei muß man zunächst einmal hervorheben, wie außerordentlich schnell sich diese Umwälzung durchsetzte. Auch wenn Max

Planck den Begriff des Wirkungsquants schon 1900 formuliert hatte, so kann man doch sagen, daß sich der Durchbruch in einem sehr kurzen Zeitraum vollzog: Von der Entdeckung der gequantelten Elektronenbahnen im Wasserstoffatom durch Bohr im Jahre 1913 bis zur abschließenden Formulierung der Quantenmechanik durch Louis de Broglie, Niels Bohr, Wolfgang Pauli, Werner Heisenberg, Erwin Schrödinger und Paul Dirac im Jahre 1926 vergingen gerade dreizehn Jahre. Das Rad der Geschichte der Physik drehte sich geradezu atemberaubend schneller. Und die Begeisterung, ja geradezu die Euphorie, die diese Forschergeneration damals auslöste, ist heute kaum noch vorstellbar. Die Physiker waren in Aufbruchstimmung; sie glaubten, mit einemmal den Schlüssel zum Universum in Händen zu halten.

Um die Kühnheit und die Reichweite des Denkens von Bohr, wie es sich in seinem Artikel von 1913 manifestierte, zu verstehen, müssen wir zu dem berühmten Atommodell zurückkehren, das der australische Physiker und Nobelpreisträger für Chemie von 1908, Ernest Rutherford, zwei Jahre zuvor eingeführt hatte. Rutherford lehrte damals an der Universität Manchester. Er schlug vor, das Atom als Sonnensystem zu betrachten, in dem die Elektronen genauso um den Kern herumfliegen, wie sich die Planeten um die Sonne bewegen. Die Anziehungskraft, die in diesem Modell die Stelle der Gravitation vertrat, war die elektrische Anziehung zwischen den negativ geladenen Elektronen und dem positiv geladenen Kern.

Aufgrund dieses Modells hatte man eine Reihe von Vorhersagen über das Verhalten des Elektrons machen können, die sich in vieler Hinsicht als richtig herausstellten. So entsprach zum Beispiel die Dauer des Umlaufs des Elektrons, die man aus der Frequenz des vom Atom emittierten Lichts ableiten kann, in etwa den Erwartungen aufgrund der Größe der Umlaufbahn, die man wiederum aus der Größe des Atoms ableitete.

Als jedoch Bohr, ein junger Physiker (1885 geboren) aus Kopenhagen, 1912 als Praktikant ins Labor von Rutherford in Manchester kommt, läßt das Planetenmodell des Atoms noch eine schwerwiegende Frage offen. Wenn die Atome tatsächlich »Planetensysteme« wären, wie es Rutherford annimmt, dann müßten sie der klassischen Mechanik zufolge auf Kollisionen und andere Störungen extrem empfindlich reagieren. Nun scheint aber das Gegenteil der Fall zu sein: Wenn die Atome mit mäßiger Energie erhitzt oder bombardiert werden, verändern sie sich überhaupt nicht. Wie soll man sonst auch die Identität der Atome eines bestimmten Stoffes erklären? Nehmen wir zwei Goldklümpchen, die aus zwei Minen in Amerika und in Asien stammen und mit sehr unterschiedlichen Verfahren gewonnen wurden: Alle Eigenschaften jedes Goldatoms sind festgelegt und völlig unabhängig von seiner Entstehungsgeschichte. Wie könnte man diese Identität erklären, wenn man sich auf ein Planetensystem verließe, in dem die klassische Mechanik gilt?

Wäre das Rutherfordsche Modell korrekt, sollte also das Atom tatsächlich ein Planetensystem ähnlich dem Sonnensystem sein, würde man erwarten, daß sich seine Entstehungsgeschichte in seiner besonderen Form und in der Größe der Umlaufbahnen niederschlägt. Die Wahrscheinlichkeit, zwei Atome mit derselben Größe und derselben Form zu finden, wäre dann sehr gering.

Ich will dem Leser dieses Paradoxon an einem weiteren Beispiel erläutern. Die Atome der Gase, aus denen sich die Luft zusammensetzt, stoßen bekanntlich mehrere Millionen Mal pro Sekunde zusammen. Hätten diese Atome eine planetarische Struktur nach Rutherford, für die die klassische Mechanik gilt, dann müßte jeder dieser Zusammenstöße die Umlaufbahnen der Elektronen völlig verändern. Doch dem ist nicht so: Nach jeder Kollision behalten die Atome ihre ursprüngliche Gestalt bei.

Ich werde auf diesen wichtigen Punkt und unser Beispiel zurückkommen, wenn ich die Neuartigkeit der Quantentheorie und ihre philosophische Tragweite darstelle. Begnügen wir uns im Augenblick mit dem Hinweis, daß Bohr das Modell von Rutherford über- und umarbeiten mußte, um diese schwierigen Fragen zu klären und das Paradox aufzulösen.

Das Atommodell von Niels Bohr

Die wissenschaftliche Laufbahn von Niels Bohr begann 1905, in dem Jahr, in dem Einstein seinen ersten Artikel über die spezielle Relativitätstheorie veröffentlichte. Die Struktur des Atoms war noch nicht bekannt. Acht Jahre später wird Bohr sie im wesentlichen aufklären.

In seinem richtungweisenden Beitrag von 1913 – für die neueren Forschungen zur Geschichte der Physik eine wahre Fundgrube – schlägt er vor, die rätselhaften Eigenschaften des Wasserstoffatoms mit einem völlig neuen physikalischen Begriff zu erklären: dem Quantenzustand. Diesen Begriff müssen wir uns genauer ansehen.

Um zunächst bei der Geschichte zu bleiben: Bohrs Geniestreich bestand darin, die Idee des Quants, die Planck 1900 eingeführt hatte, auf die Struktur des Atoms anzuwenden. Das war deshalb genial, weil Planck diese Idee nur zur Lösung eines speziellen Problems bei bestimmten Strahlungsphänomenen vorgeschlagen hatte. Wir wollen hier nicht ins Detail gehen; Planck war – selbst erschrocken über seine eigene Kühnheit – zu dem Schluß gekommen, daß sich der Energieaustausch zwischen Materie und Strahlung grundsätzlich diskontinuierlich vollzieht, also in diskreten Quantitäten (den Quanten) und nicht kontinuierlich, wie es den Prinzipien der elektromagnetischen Theorie entsprochen hätte.

Bekanntlich ging Einstein weiter als Planck und schrieb schon 1905 der Strahlung selbst und nicht mehr nur dem Energieaustausch allein eine korpuskulare Struktur zu. Er behauptete, daß diese diskontinuierliche Strahlung aus einer Menge von Korpuskeln bestünde, die jeweils ein Energiequant transportierten. 1912 formulierte Einstein diese Konzeption in ihrer endgültigen Fassung.

Bohr stützt sich nun auf die Arbeiten von Planck und Einstein und bezieht die Quantentheorie auf die erwähnten Eigenschaften. Er überdenkt das Modell von Rutherford und »quantelt« die Umlaufbahnen des Planetensystems. Er zeigt, daß mit jeder Elektronenbahn im Planetenmodell des Atoms eine definierte Energiemenge zusammenhängt – die Energie der Elektronen ist an diese Bahn

gebunden – und daß diese Energie nur bestimmte, diskrete Werte annehmen kann. Es gibt also bestimmte Quantenzustände, die mit den Gesetzen der klassischen Physik nicht zu beschreiben sind. Sie beschreiben die Atomsysteme richtig und erklären vor allem ihre Stabilität und ihre spezifischen Eigenschaften.
Bei einem gegebenen Atom können sich die Elektronen nur in bestimmten, genau definierten Weisen – den Quantenzuständen – unter Ausschluß aller anderen um den Kern anordnen. Unter normalen Bedingungen herrscht der Zustand der niedrigsten Energie vor. Dann haben wir eine stabile Konfiguration; das Atom befindet sich im sogenannten Grundzustand. Veränderungen sind nur möglich, wenn so viel Energie zugeführt wird, daß es in den nächsten Quantenzustand übergeht. Dieser Zustand liegt im Energieniveauschema eine Ebene höher; man sagt, das Atom wurde angeregt.
In seinem Beitrag unterstrich Bohr, daß die gequantelten Umlaufbahnen im Atom nur eine provisorische Hypothese darstellten. Seine Zeitgenossen jedoch nahmen sie wörtlich, obwohl Bohr in seinen Veröffentlichungen und Vorträgen immer wieder davor warnte und stets darauf hinwies, daß es sich nicht um die endgültige Erklärung handeln könne, daß man noch etwas Grundlegendes entdecken müsse, um wirklich zu verstehen, was die Quantelung des Atoms im einzelnen bedeutet.
Er konnte allerdings nicht verhindern, daß die Physik damals in eine Aufbruchphase geriet, die, ich wiederhole es, einzigartig in der Geschichte der Naturwissenschaft darsteht; sicherlich war es die fruchtbarste und interessanteste der modernen Physik.
Das wird klar, wenn man hinzufügt, daß Bohr sich eigentlich nicht mit einer simplen Hypothese zufriedengab; er nannte darüber hinaus Regeln, mit denen man in einigen einfachen Fällen das Energieniveau der Quantenzustände berechnen konnte. Doch die volle Bedeutung dieses Konzepts zeichnete sich erst ab, als sich herausstellte, daß es eng mit der Doppelnatur der Elektronen als Teilchen und als Welle zusammenhing. Der Franzose Louis de Broglie hat diese Doppelnatur 1923 als erster formuliert. Der Quantenzustand der Atome ist durch nichts anderes definiert als durch die spezifischen Wellenlängen der den Elektronen zugeordneten Wellen, die von der elektrischen Anziehung in unmittelba-

rer Kernnähe bestimmt werden. Das war unerwartet und faszinierend: Die spezifischen atomaren Zustände sollten harmonischen Schwingungen von Elektronenwellen unter dem definierten Einfluß der elektrischen Kraft des Kerns entsprechen. Die spezifischen Eigenschaften der Elemente wären demnach auf eine natürliche Eigenschaft dieser Schwingungen zurückzuführen. Bohr konnte bekanntlich das Periodensystem der Elemente schon 1922 so erklären. Einige Jahre später erkannte man, daß die chemische Bindung ein quantenmechanisches Phänomen ist: Walter Heittler und Fritz London bewiesen dies 1927.

Doch so spannend die Situation auch war, sie gab weiterhin Anlaß zu Verwirrung. Wieso konnten die Elektronen einmal als Wellen, dann wieder als Teilchen erscheinen? Der Widerspruch zwischen den Elektronenteilchen, die um den Kern kreisten, und den oszillierenden Elektronenwellen schien unlösbar.

Louis de Broglies Entdeckung der Doppelnatur des Elektrons als Welle wie auch als Teilchen verstärkte nur den Eindruck, daß sich im Atom seltsame Dinge abspielen. Bohr war der Ansicht, man dürfe sich nicht um das Problem herumdrücken, sondern müsse die Struktur des Atoms direkt beobachten.

Zu Beginn der zwanziger Jahre sammelte er die fähigsten und weitblickendsten Physiker der Welt in seinem berühmten Kopenhagener Institut um sich: Oskar Klein, Hendrick A. Kramers, Wolfgang Pauli, Werner Heisenberg, Paul Ehrenfest, George Gamow, Felix Bloch, Hendrick Casimir, Lew Dawidowitsch Landau und einige andere. Auf Bohr geht also die Art kollektiver Forschung zurück, die sich heute durchgesetzt hat. Diese Physiker setzten alle ihnen zu Gebote stehenden Mittel daran, die Struktur des Atoms aufzuklären, um schließlich die Frage zu entscheiden, ob das Elektron eine Welle oder ein Teilchen war.

Doch es erwies sich, daß eine genaue Beobachtung von vornherein zum Scheitern verurteilt war: Die Natur ist so eingerichtet, daß kein Objekt von einer derart winzigen Größe beobachtet werden kann, ohne es dadurch zu beeinflussen. Der Quantenzustand entzieht sich also einer fortlaufenden Beobachtung, weil schon das die Bedingungen seiner Existenz zerstört. Der Quantenzustand ist eine Bewegungsform, die wir nicht zerlegen und Punkt für Punkt verfolgen können, wie wir es zum Beispiel tun, wenn wir die Bewegung eines Planeten um die Sonne beschreiben. Die spezifischen, quantentheoretischen Eigenschaften des Atoms können sich nur entwickeln, wenn es nicht gestört wird, das heißt, wenn die Störungen, denen es ausgesetzt wird, energetisch unterhalb der Schwelle zum nächsthöheren Niveau liegen; nur dann liegt das Atom mit seinen charakteristischen Eigenschaften vor, und es verhält sich wie ein unteilbares Gebilde.

Wenn wir dagegen versuchen, die Einzelheiten des Quantenzustands mit einem leistungsfähigen Beobachtungsinstrument zu untersuchen, führen wir ihm zwangsläufig viel Energie zu. Die charakteristischen Quanteneigenschaften gehen dann verloren. Die unvermeidliche Grobschlächtigkeit unserer Beobachtungsmethoden – das Licht kommt wie jede andere Energie in Form von Quanten an – macht genaue Beobachtungen im alten Sinn des Wortes unmöglich. Genau dies ist die Grundlage der berühmten Unbestimmtheitsrelationen, die Heisenberg 1927 formulierte, als er mit Bohr in Kopenhagen zusammenarbeitete.

Ich werde auf ihn zurückkommen, wenn ich erkläre, inwiefern seine Benennung, auch wenn sie zum feststehenden Begriff geworden ist, mir katastrophal erscheint. Zunächst möchte ich jedoch noch einen Augenblick bei dem wesentlichen Ergebnis dieser Untersuchung der Atomstruktur verweilen.

Der Quantentheorie zufolge ist das Atom ein unteilbares Gebilde, sofern die zugeführten Energien eine bestimmte Schwelle nicht überschreiten; diese Schwelle ist definiert durch die Energie, die nötig ist, um das Atom von seinem Grundzustand auf den ersten seiner angeregten Zustände zu heben. Wenn also die dem Atom zugefügte Störung unter einer bestimmten Schwelle liegt, ist das Atom unteilbar im wahrsten Sinn des Wortes, im etymologisch und philosophisch traditionellen, griechischen Sinn. Das bedeutet, daß die Atome, wenn sie mit Energien unterhalb dieser Schwelle zusammenstoßen, unverändert voneinander abprallen und nach dem Stoß genauso sind wie zuvor. Genau darin besteht die Neuartigkeit des Quantenkonzepts.

Wenn jedoch die Energie des Zusammenstoßes über dieser Schwelle liegt, zerlegen sich die Atome quasi in ihre Bestandteile und verhalten sich dann wie gewöhnliche, klassische Systeme aus Teilchen. Zum Beispiel zerfällt ein Atom bei sehr hohen Tempera-

turen vollständig, und seine Bestandteile, der Kern und die Elektronen, sind nicht mehr wie zuvor verbunden.
Betrachten wir ein Natriumatom und ein Neonatom. Ersteres hat elf Elektronen, letzteres zehn. Unterhalb der Schwelle befinden sie sich in ihrem quantentheoretischen Grundzustand, unterscheiden sich also stark voneinander. Natrium ist ein Metall, Neon ein Gas. Weit oberhalb der Schwelle – bei hohen Temperaturen – liegen beide als Gas aus Kernen und Elektronen vor. Dieses Gas nennt man ein Plasma. Und zwischen einem Natriumplasma und einem Neonplasma gibt es keinen großen Unterschied.
Die Quantenzustände unterscheiden sich grundlegend von den klassischen Zuständen und können deshalb nicht auf klassische Weise beschrieben werden. Sie weisen Merkmale auf, die sich in den Objekten unserer Alltagserfahrung nicht finden. Aus diesem Grund müssen wir die Realität des Atoms abstrakt beschreiben. Doch was auch immer darüber gesagt worden ist – davon später mehr –, diese Realität ist genauso real, genauso sicher wirklich wie die, die wir sehen, fühlen oder berühren.

Von der Struktur des Atoms zur Struktur des Kerns

Ich kann nicht auf wenigen Seiten all die Forschungsarbeiten nachzeichnen, die seit Ende der zwanziger Jahre auf der Grundlage der Quantentheorie durchgeführt wurden. Ich beschränke mich darauf, die allgemeine Richtung der Entwicklung und die markanten Daten herauszuheben.
Die allgemeine Entwicklung ging dahin, das Wissen über die Feinstruktur der Materie immer weiter zu vertiefen. Mit Hilfe immer höherer Energien stieß man in immer kleinere Dimensionen vor und entschlüsselte immer tiefer verborgene Phänomene und Gesetze. Doch zugleich schuf man damit die Voraussetzungen, um auf der Grundlage dieses immer detaillierteren Wissens immer zahlreichere Phänomene zu verstehen, die ursprünglich keine Beziehung zum »traditionellen« Bereich der Physik gehabt hatten.
Im Zusammenhang mit dieser »Tauchfahrt« ins Innere des Atoms

möchte ich an Pierre und Marie Curie erinnern: Als sie 1897 in der berühmten Baracke der *École de physique et de chimie* in Paris Radium isolierten und im Dunkeln entsetzt sein unheimliches, blaues Leuchten sahen, beobachteten sie als erste ein außerirdisches Phänomen – ein Phänomen, das über die Grenzen unserer gewohnten Welt hinausgeht. Wir wissen heute, daß die Curies einen Überrest eines längst vergangenen Zeitalters sahen; damals befand sich die irdische Materie in einer völlig anderen Umgebung, nämlich innerhalb eines explodierten Sterns. Die radioaktiven Substanzen sind die letzten Zeugen, die noch schwelenden Trümmer jener unvordenklichen Zeitalter, in denen unsere Elemente entstanden. Ich werde noch zeigen, daß heute die Teilchenphysik und die Astrophysik, die Erforschung des unendlich Kleinen und des unendlich Großen, gemeinsam auf dieser Grundlage arbeiten.

Wenden wir uns jedoch fürs erste wieder Rutherford zu: Er begriff sehr schnell, daß er mit Hilfe der Strahlung weiter in die Struktur des Atoms vordringen konnte; schon 1911 wies er den Atomkern nach. So unglaublich das auch scheinen mag, nur sechs Jahre später, im Jahr 1917, untersuchte er mit demselben Verfahren die Zusammensetzung des Kerns und entdeckte die Protonen.

Eine neue Welt von Phänomenen war erschlossen. Doch erst fünfzehn Jahre später, im Verlauf des berühmtesten Jahres der modernen Physik, 1932, wurde die Zusammensetzung des Kerns aufgeklärt. In diesem Jahr entdeckte James Chadwick das Neutrino, veröffentlichte Enrico Fermi seine Theorie des β-Zerfalls und entdeckten Herbert L. Anderson und Seth H. Nedermeyer das Positron, das positiv geladene Gegenstück des Elektrons. Die Kernphysik mit ihrem doppelten Forschungsansatz war geboren: Sie untersuchte den Atomkern als ein System aus eng miteinander verbundenen Neutronen und Protonen sowie Kernkräfte, die in diesem System herrschen. Seit der großen Entdeckung von Hideki Yukawa (1934) wissen wir, daß die Kernkräfte von den sogenannten Mesonen übertragen werden; diese Teilchen vermitteln den Kräfteaustausch zwischen den Kernbestandteilen, den sogenannten Nukleonen (Protonen und Neutronen).

Aus der Kernphysik wiederum ging als Abspaltung die Teilchenphysik hervor. Bevor wir jedoch darauf weiter eingehen, verwei-

len wir noch etwas bei den Entdeckungen des Jahres 1932, denn jede von ihnen war von außerordentlicher Tragweite.
Die Entdeckung des Neutrons als Bestandteil des Atomkerns enthüllte die Existenz einer neuen Naturkraft. Es wies auf eine starke, nichtelektrische Wirkung hin, die die Neutronen und Protonen innerhalb der Grenzen des Kerns eng aneinander fesselt. Diese unbekannte Kraft hat in der makroskopischen Physik kein Äquivalent. Das, was man später starke Wechselwirkung nannte, war entdeckt worden.
Die Theorie von Fermi, die Theorie des β-Zerfalls – das ist der Zerfall eines Atomkerns unter Emission eines Elektrons (β-Strahlung) –, führte zur Annahme einer weiteren Wechselwirkung zwischen den Elementarteilchen. Sie wurde schwache Wechselwirkung genannt, und sie erklärt, wie sich ein Neutron unter Emission eines Elektrons und eines Neutrinos in ein Proton umwandeln kann. Das Neutrino ist ein neutrales Teilchen, dessen Existenz Pauli 1924 postuliert hatte und das erst 1956 beobachtet werden konnte. Fermi schrieb ihm 1932 bei schwachen Wechselwirkungen eine parallele Rolle zum Elektron zu.
Diese Wechselwirkung ist in der Tat sehr schwach. Genau wie die starke Wechselwirkung hat sie nur eine sehr geringe Reichweite, während die elektromagnetische Kraft und die Gravitation über sehr große Entfernungen wirken. Man hat in den sechziger Jahren festgestellt, daß die schwache Wechselwirkung von einem Teilchen namens W-Boson vermittelt wird, das als Austauschteilchen dem Photon analog, jedoch sehr schwer ist; es hat rund neunzigmal mehr Masse als das Proton.
Durch die Erforschung der Struktur des Kerns und seiner Bestandteile gelang es insbesondere, die noch kompliziertere Natur und Struktur der Kraft aufzuklären, die die Wechselwirkung zwischen Neutronen und Protonen steuert. Ich kann hier nicht auf Einzelheiten eingehen. Es sei nur festgehalten, daß die Kernsysteme hunderttausendmal kleiner sind als die Atomsysteme und die beteiligten Energien nahe bei einer Million Elektronenvolt liegen. Jedes Atom hat eine charakteristische Energie, die in Elektronenvolt ausgedrückt wird. Wenn man zum Beispiel ein Streichholz anzündet, setzt man einige Elektronenvolt frei. Die Energien, über die wir hier sprechen, sind also enorm.

Nachdem das feststand, konnte die Quantenmechanik auf den Kern angewendet werden, den man als System aus Neutronen und Protonen betrachtete. Bemerkenswerterweise entdeckte man dabei, daß es – trotz des riesigen Größenunterschieds – zahlreiche Ähnlichkeiten zwischen der Atomstruktur, wie man sie seit Bohr kannte, und der Kernstruktur gibt.
Am frappierendsten ist, daß man dieselben, typischen Wellen- und Schalenmodelle vorfindet wie im Atom. Die Eigenschaften des Atoms wurden mit besonderen Schwingungen der Elektronenwellen im Anziehungsbereich des Kerns erklärt. Dasselbe Phänomen findet sich auch im Innern des Kerns, wenn auch in viel kleinerem Maßstab und auf einem viel höheren Energieniveau. Die Kernstruktur bestätigt so auf beeindruckende Weise die allgemeine Richtigkeit der Quantenmechanik.

Die Physiker hatten also eine Neuauflage derselben Grundphänomene auf einer neuen Ebene vor sich. Man muß jedoch sagen, ohne das hier allerdings näher begründen zu können, daß es sich eher um eine Analogie als um eine Ähnlichkeit im strengen Sinn handelt; wie das ja zu erwarten war, zeigen sich auch einige wichtige Unterschiede: Im Atom steuert der Kern aufgrund seiner großen Ladung und Masse die Bewegungen und Schwingungen des Elektrons. Im Kern hat man es, wenn man so will, mit einer »Republik« oder »Demokratie« zu tun: Alle Bestandteile haben das gleiche »Gewicht«.
Man kann sich den Sachverhalt auch anders vorstellen: Aufgrund der Analogie, die ich gerade umrissen habe, gibt es ebenso eine Chemie des Kerns, wie es eine Chemie des Atoms gibt, jedoch mit einem wesentlichen Unterschied, der sofort ins Auge springt. In den Atomen und Molekülen sind bestimmte Bestandteile, die Atomkerne, gut zu lokalisieren, weil ihre Masse weit über der des Elektrons liegt: Sie bleiben voneinander getrennt und bilden das Skelett der Moleküle. Innerhalb des Kerns liegen die Dinge anders. Dort sind alle Bestandteile ohne einen definierten Ort so über das gesamte Kernvolumen verteilt, daß zwei Kerne, die durch eine Kollision miteinander reagieren, völlig miteinander verschmelzen. Zwei Kerne Sauerstoff bilden einen Schwefelkern, kein O_2-Molekül.

In gewisser Hinsicht wäre es außerdem berechtigt, nicht von einer Analogie zwischen den Kernen und den Atomen, sondern zwischen den Kernen und den Molekülen zu sprechen. Bei dieser Analogie würde man annehmen, daß die Nukleonen für das Atom genau dieselbe Rolle spielen wie die Atome für die Moleküle. Das hätte den Vorteil, daß die Komplexität der Kraft, die die Nukleonen zusammenhält, herausgestellt würde und insofern der chemischen Kraft gleichgesetzt würde, die zwischen den Atomen und den Molekülen wirkt. Parallel zu sehen sind die Abstoßung auf kurze Entfernungen, das Potentialminimum zwischen den Atomen und die Abhängigkeit von der Symmetrie der Wellenfunktion.

Wenn man diese Analogie weiterverfolgt, wird deutlich, daß man die Kernkraft – wie die chemische Kraft – aus einer ihr zugrundeliegenden Kraft ableiten kann, die wiederum auf die Struktur des Nukleons zurückzuführen ist. Die Teilchenphysik hat genügend Beweise dafür, daß das Nukleon eine innere Struktur hat. Wie man heute weiß, bestehen die Nukleonen aus Quarks. Diese neuen Teilchen sind offenbar die letzten Grundbausteine der Materie. Die Kernphysik muß diese neuen Ergebnisse noch integrieren, doch mit Sicherheit eröffnet sich hier eine der interessantesten Perspektiven der aktuellen Forschung.

Fragen zum Elektron: Paul Dirac

Eine andere Forschungsrichtung, die in den dreißiger Jahren ihren Anfang nahm, beschäftigte sich mit der inneren Struktur des Elektrons. Bekanntlich hatte Thompson gegen Ende des letzten Jahrhunderts die klassische Theorie des Elektrons ausgearbeitet. Er analysierte die Bewegung des Elektrons mit Hilfe der klassischen Mechanik und stellte die Hypothese auf, daß es in jedem Atom mehrere Elektronen geben müsse, die elastisch an ihre Gleichgewichtsposition gebunden und daher zu harmonischen Schwingungen einer bestimmten Frequenz fähig waren. Er nahm an, daß es in den elektrischen Leitern zusätzliche Elektronen gab, die sich frei

bewegen können. Mit diesem theoretischen »Handwerkszeug« konnten tatsächlich zahlreiche Phänomene erklärt werden: zum Beispiel Absorption, Streuung und Brechung des Lichts durch die Materie oder die optischen Eigenschaften der Metalle im Infrarotbereich. In recht vielen Fällen war die Erklärung allerdings nur qualitativ. Gänzlich unerklärt jedoch blieb, warum die Elektronen im Atom elastisch gebunden waren.
Thompson gebührt das Verdienst, daß er bei seiner Arbeit ein anderes Problem von größter Wichtigkeit aufwarf: Kann man das Elektron als punktförmige Ladung betrachten? Um diese Frage zu lösen, mußte er einige Hypothesen über die innere Struktur des Elektrons aufstellen, damit er die Gleichungen der Elektrodynamik auf das Problem anwenden konnte. Diese Hypothesen stellen, wie er in seinem Werk *Die Theorie des Elektrons* hervorhob, »kühne«, aber notwendige Spekulationen dar.
Nachdem Einstein 1905 die Äquivalenz von Masse und Energie nachgewiesen hatte, mußte man sich von der Vorstellung, das Elektron sei eine punktförmige Ladung, verabschieden. Hendrick A. Lorentz, Max Abraham und Henri Poincaré hatten im einzelnen untersucht, was daraus folgte. Es hat keinen Sinn, hier ihre Argumente und Schlußfolgerungen zu wiederholen, da die weitere Entwicklung sie völlig obsolet gemacht haben. Doch für die Wissenschaftsgeschichte muß man festhalten, daß die Physiker das offene Problem der Struktur des Elektrons, obwohl es umfangreiche Forschungsarbeiten angeregt hatte, erst einmal auf die lange Bank schoben und sich lieber mit der – erfolggekrönten – Entwicklung der Quantentheorie des Atoms beschäftigten. Dabei konzentrierte sich die Aufmerksamkeit der Physiker auf die Theorie der Quantenbahnen des Atoms von Bohr und auf die rätselhafte Welle-Teilchen-Dualität des Elektrons.
Zudem verlor man die Frage der inneren Struktur des Elektrons um so leichter aus dem Auge, als man die Emission, die Absorption oder die Streuung des Lichts durch die atomaren Systeme auch berechnen konnte, wenn die Struktur des Elektrons ungeklärt war. Es genügte, daß man aus dem Bereich des Qualitativen herausgekommen war, ohne die Frage, die Lorentz so stark beschäftigt hatte, beantworten zu müssen.
Bei der Erweiterung und Vervollkommnung der Quantentheorie

kam die Frage in verschärfter Form wieder auf die Tagesordnung. Der englische Physiker Paul Dirac, der diesbezüglich die ersten Schritte unternahm, wies darauf hin, daß die Quantentheorie des Elektrons in zwei Richtungen verbesserungsbedürftig war: Man mußte sie für große Energien verallgemeinern, indem man sie mit der Relativitätstheorie in Einklang brachte, und man mußte sie in die Theorie der Wechselwirkung von Strahlung und Materie integrieren.

Jetzt ereignet sich eine der sensationellsten Episoden der Geschichte der modernen Physik. 1927 sucht Dirac die Gleichung, die das Verhalten des Elektrons erklärt und sowohl der Quantentheorie als auch der Einsteinschen Relativitätstheorie genügt, und er findet sie mit rein mathematischen Mitteln. Doch er bemerkt sofort, daß diese Gleichung nicht eine einzige, sondern zwei Lösungen hat: Die eine entspricht positiven kinetischen Energiezuständen und dem tatsächlich beobachteten Verhalten des Elektrons, die andere negativen kinetischen Energiezuständen (was klassisch betrachtet keinen Sinn ergibt) und dem Verhalten eines anderen, unbekannten Teilchens mit positiver Ladung.

Zunächst dachte er, dieses Teilchen müsse das Proton, das einzige, damals bekannte positive Teilchen sein. Dann kam er jedoch zu dem Schluß, daß es sich in Wirklichkeit um ein anderes, noch zu entdeckendes Teilchen mit der gleichen Masse wie das Elektron, jedoch mit positiver Ladung, handeln mußte.

1932 wird, wie schon erwähnt, dieses Teilchen, das Dirac theoretisch berechnet hatte, experimentell nachgewiesen: Anderson photographiert es in einer Wilsonschen Nebelkammer, mit der man die Spuren von Elementarteilchen sichtbar machen kann. Man gibt diesem neuen Teilchen den Namen Positon oder Positron.

Gegen Ende der dreißiger Jahre sind die Physiker in der Lage, dieses Ergebnis zu verallgemeinern. Es geht nicht mehr nur um das Elektron: Jedesmal wenn man ein Teilchen mit einer relativistischen Quantentheorie beschreibt, postuliert die Theorie notwendig ein symmetrisches »Antiteilchen« mit entgegengesetzter Ladung. Diese Antiteilchen bilden die sogenannte Antimaterie. Hinter diesem Namen stecken bei weitem nicht die Geheimnisse, die man ihr manchmal zuschreibt: In Wirklichkeit ist sie nichts anderes als eine andere Materieform, die aus Antiteilchen mit der umgekehrten Ladung als der der gewöhnlichen Teilchen besteht. Die Antimaterie kann zugleich mit der Materie erzeugt werden, sofern man genügend Energie einsetzt.

Ich möchte diesen Punkt nicht abschließen, ohne zu erwähnen, daß es Dirac mittels Schlußfolgerungen aus der Entdeckung des Positrons gelang, das Vakuum auf völlig neuartige Weise zu beschreiben. Bis dahin hatte man sich das Vakuum als wirklich leer gedacht; ein Raum, aus dem man jede Form von Materie oder Strahlung entfernt hätte, enthielt demnach strenggenommen nichts und im besonderen keine Energie. Nach Dirac mußte man das Vakuum – in zwei Stufen – »wiederbevölkern«, so daß es nun nicht mehr leer war.

Die erste Stufe datiert vom Beginn des Jahres 1927. Dirac schlug damals in einem berühmten Artikel vor, nicht nur die Atome, sondern auch das Strahlungsfeld zu »quanteln«. Er nahm eine zuerst von Paul Ehrenfest und Peter Debye vorgeschlagene Idee wieder auf und zeigte, daß man die Strahlung als einen Komplex fiktiver Oszillatoren betrachten sollte, die notwendigerweise gequantelt sein müssen, wenn man der Quantentheorie glaubt. Es ist in der Tat eines der grundlegendsten Ergebnisse dieser Theorie, daß sie für die Energie eines Oszillators eine Quantelung in ganzen Werten ein und desselben »Energiekörnchens« oder Energiequants voraussagt.

Wenn man nun die Heisenbergschen Ungleichungen auf einen Oszillator anwendet, stellt man zwangsläufig fest, daß er niemals die Energie Null im strikten Sinn haben kann; dazu müßte er gleichzeitig eine Position und eine Bewegung Null haben können, und genau das verbieten die Heisenbergschen Relationen. Daraus folgt zwingend: Wenn man das elektromagnetische Feld mit Dirac als einen Oszillatorenkomplex ansieht, ist seine Energie niemals Null; selbst wenn man alle »Energiekörnchen« (die Photonen) daraus entfernt hat, besitzt es immer noch eine Restenergie, die Nullpunktenergie, die nichts anderes ist als die Summe der Energien der Oszillatoren, aus denen es besteht. Man sieht also, daß am Ende dieses ersten Aktes dem Vakuum eine Restenergie zugesprochen wird; daher darf man es nicht als wirklich leer betrachten.

Doch Dirac blieb nicht dabei stehen. Schon im folgenden Jahr 1928 setzte er sein Unternehmen, das Vakuum zu besiedeln, fort. Die zweite Stufe hängt direkt mit der Entdeckung seiner, der Dirac-Gleichung und der Antimaterie zusammen. Dirac stützt sich auf das Paulische Ausschließungsprinzip, nach dem ein und derselbe Quantenzustand nicht von mehr als einem Elektron besetzt sein kann, und stellt die Hypothese auf, daß im Vakuum alle negativen kinetischen Energiezustände, die sich aus seiner Gleichung ergeben, voll, das heißt von einem Elektron, besetzt sind.

Dann zeigt er folgendes: Wenn man dem System genügend Energie zuführt, wird aus dem »Meer« der vollen Zustände ein Teilchen herausgeschlagen und auf einen positiven Energiezustand gebracht, wodurch ein gewöhnliches Elektron »entsteht«, das hinter sich ein »Loch« läßt. Dieses Loch weist dieselben Eigenschaften auf wie das entstandene Teilchen, außer daß es eine Ladung mit entgegengesetztem Vorzeichen trägt. Es handelt sich also um ein Antielektron, ein Positron. Anders gesagt: Es ist möglich, aus dem Vakuum ein Teilchen und sein Antiteilchen »hervorgehen« zu lassen. Wenn man die Dinge so sieht, ist das Vakuum also in gewisser Weise »so voll wie ein Ei«, und die Teilchen gelangen in der gewöhnlichen Welt nur durch einen Prozeß der Entstehung und Vernichtung zugleich zur Existenz. Dieser Prozeß vollzieht sich sozusagen im Vollen, das dennoch ein Vakuum ist.

Dirac warf also 1927/28 diejenigen physikalischen Vorstellungen, denen der gesunde Menschenverstand zustimmen kann, über den Haufen. Damit tut er etwas Ähnliches – wenn auch mit entgegengesetzter Stoßrichtung – wie Einstein 1905; mit dessen spezieller Relativitätstheorie schlug das letzte Stündlein des Ätherbegriffs, der bis dahin anstelle des Vakuums gestanden hatte. Das Jahr 1905 bürgerte das Vakuum wieder ein, und 1928 kehrte das Nichtvakuum in die Physik zurück.

Ungeachtet ihrer zahlreichen Erfolge hatte die Diracsche Löchertheorie schwerwiegende Nachteile, insbesondere den, daß ein Meer von vollen, negativen Energiezuständen einem Vakuum mit einer unendlichen Ladungsdichte entsprechen mußte; kein Physiker ist bereit, eine solche Annahme gelten zu lassen. Deshalb mußte die Theorie Diracs im folgenden tiefgreifend modifiziert werden, um die unangenehme Hypothese, daß das Vakuum voller

Elektronen sei, zu vermeiden. Im Grunde herrschte das Vakuum in der modernen Physik nur kurz, von 1905 bis 1927. Die Periode von 1927 bis zum Ende des Zweiten Weltkriegs war gekennzeichnet durch einen ununterbrochenen Kampf gegen »Unendlichkeiten«, die jedesmal, wenn man glaubte, sie aus einer Stelle der Theorie verbannt zu haben, an einer anderen unweigerlich zurückkamen. Zu dieser Zeit arbeitete ich in Zürich mit Pauli zusammen.

Nach zwei vorbereitenden Jahren an der Universität Wien wollte ich meine Ausbildung durch einen längeren Aufenthalt an der Universität Göttingen vervollständigen; der Unterricht bei Ehrenfest prägte meine Vorstellungen von Physik entscheidend. Ich werde nie Ehrenfests Maxime vergessen: »Die Physik ist eine einfache Sache, aber kompliziert.«
In Göttingen waren zu dieser Zeit alle Vordenker der neuen Physik versammelt. Ich erinnere mich noch, wie fürchterlich mich die Diracsche Gleichung beeindruckte. Man stelle sich einen jungen Mann vor, der sich gerade mit Müh' und Not mit den Begriffen der gewöhnlichen Quantenmechanik vertraut gemacht hat und der nun in eine Welt von Wellenfunktionen mit vier Komponenten und negativen kinetischen Energien katapultiert wird! Diese Situation hatte etwas zutiefst Entmutigendes, und ich glaube, meine Kommilitonen und ich wären ohne die Hilfe des überaus klaren Artikels, den Fermi dann veröffentlichte, niemals da herausgekommen.
Ich hätte keine einleuchtendere Darstellung der Diracschen Theorie der Strahlung und seiner relativistischen Wellengleichung lesen können; der Artikel enthielt alle Grundlagen der zukünftigen Quantenelektrodynamik – einfach und präzise erklärt. Wir in Göttingen diskutierten die Diracsche Löchertheorie weiter. Ich erinnere mich noch sehr gut, daß Gamow die Elektronen, die sich entgegen der einwirkenden Kraft bewegten, immer mit Eseln verglich. Um ehrlich zu sein, wir hatten große Probleme mit diesen neuen Entwicklungen in der Physik, um so mehr, als uns die Schwierigkeiten mit den erwähnten »Unendlichkeiten« schier unüberwindlich vorkamen.
So sah es um mich und in mir aus, als ich dann 1934 unter Pauli an etwas arbeitete, das er eine »Anti-Dirac-Theorie« nannte. Diese

Theorie betraf nicht die Elektronen, sondern Teilchen, die eigentlich Bosonen waren; diese waren aber damals noch nicht bekannt, sondern wurden erst ein Jahrzehnt später entdeckt. Pauli hatte mir die Aufgabe gestellt, den eigentlichen Entstehungsprozeß eines Teilchen-Antiteilchen-Bosonenpaars zu berechnen. Hans Bethe hatte einige Zeit zuvor eine ähnliche Berechnung für die Elektronen durchgeführt. Nachdem Pauli mir erklärt hatte, wie ich vorgehen müßte, antwortete er mir auf meine Frage, wieviel Zeit ich wohl für die Berechnung bräuchte, völlig ernsthaft: »Für diese Berechnung bräuchte ich drei Tage; Sie werden also drei Wochen brauchen.« Wie sich zeigte, hatte er damit wie immer recht; weiter dachte er jedoch nicht: Als die Berechnungen veröffentlicht wurden (die Pauli nicht geprüft hatte), erwiesen sie sich als ungenau um einen Faktor vier!

Unabhängig von der weiteren Entwicklung glaube ich, hinreichend deutlich gemacht zu haben, welche geistige Revolution mit der Entstehung der Quantenmechanik einherging: Es häufte sich nicht nur erstaunlich rasch immer neues Wissen, sondern es türmten sich auch ständig neue Fragen vor uns, die einen immer größeren spekulativen Wagemut erforderten. Eine wirklich und wahrhaftig neue Wissenschaft war geboren.

Auswirkungen auf die Physik

Ich möchte noch kurz auf andere Gebiete der Physik eingehen, die die Quantentheorie beeinflußt und gefördert hat: Sie hat uns nicht nur immer feinere Strukturen der Materie zugänglich gemacht, sondern die von ihr entwickelten, grundlegenden Begriffe haben sich auch in scheinbar entfernten Bereichen der Physik ausgewirkt.

Diese Auswirkungen sind so umfassend, daß es zwecklos ist, hier einen erschöpfenden Überblick geben zu wollen. Ich werde mich daher auf einige bedeutsame Beispiele beschränken.

Die Festkörperphysik konnte von jetzt ab das Verhalten von Metallen, Halbleitern und Kristallen aller Art mit großer Genauigkeit erklären, insbesondere das Verhalten von Festkörpern bei sehr tiefen Temperaturen, wie etwa die Supraleitung, die sich lange Zeit jeder Erklärung entzog. Mit Hilfe von fundamentalen Hypothesen der Quantentheorie wurde dieses Phänomen erklärbar, ebenso die Superflüssigkeit bestimmter Flüssigkeiten bei tiefen Temperaturen.

Ein anderes Beispiel: die Entwicklung neuer Methoden und Instrumente in der Experimentalphysik. Die großen Fortschritte der Kurzwellentechnik nutzten zahlreichen Forschungsarbeiten auf allen Gebieten der Physik von der Festkörperphysik bis hin zur Elementarteilchenphysik. Materialien wie die Halbleiter ermöglichten neue Apparaturen, die wiederum die Entdeckung und den Nachweis von Teilchen verbesserten. Mit Elementarteilchenstrahlen kann man Materiefelder in Flüssigkeiten und Festkörpern am besten untersuchen. Die eng gebündelten Lichtstrahlen, die von Lasern und Masern erzeugt werden, setzt man in allen Bereichen der Physik ein. Neue Vakuumtechniken, Geräte zur Erzeugung von Mikrowellen und starken Magnetfeldern haben es möglich gemacht, die Materie als Plasma zu untersuchen; das ist eine Materieform bei hoher Temperatur und niedrigem Druck, in der die meisten Elektronen sich nicht mehr auf ihren Quantenbahnen befinden. Dieser Materiezustand ist im Universum sehr verbreitet. Damit kommen wir schon zum letzten Punkt unseres Überblicks über die Revolution der Quantentheorie: dem »Quantensprung« in den Kosmos.

Quantentheorie und Astrophysik

Eine der wichtigsten theoretischen Wirkungen der Quantentheorie, vor allem in ihrer Form als Kernphysik, bestand in der Begründung der modernen Astrophysik, einer neuen Wissenschaft an den Grenzen des unendlich Großen und des unendlich Kleinen.

Die Astrophysik konstituierte sich auf der Grundlage eines wichtigen Forschungsergebnisses und einer These: Die Energiequelle der Sterne sind Kernreaktionen; das Universum dehnt sich aus.

Entscheidend ist das Forschungsergebnis. Man erkannte, daß die Kernreaktionen unendlich viel ergiebigere und fundamentalere Energiequellen sind als die gewöhnlichen chemischen Reaktionen. Nun finden bekanntlich auf der Erde keine natürlichen Kernprozesse statt, außer bei den seltenen, radioaktiven Elementen, den letzten Überbleibseln der Explosion, aus der die irdische Materie hervorgegangen ist. Wenn man Kernprozesse untersuchen will, muß man sie also im Labor künstlich erzeugen. Bekanntermaßen stellen sich dabei enorme technische Schwierigkeiten. Diese Schwierigkeiten sind heutzutage bewältigt – eine Leistung, deren Bedeutung man inzwischen vielleicht nicht mehr richtig einzuschätzen weiß. Doch die Anstrengung lohnte sich: Man erhielt einen noch nie dagewesenen Einblick in die Prozesse, die sich im Innern der Sterne abspielen. So konnte man feststellen, daß im Kern eines jeden Sterns im Universum unaufhörlich Kernprozesse ablaufen, daß also die Kerndynamik in der Entwicklung der Natur eine wesentliche Rolle spielt. Wie man heute weiß, folgt daraus auch, daß jede Energiequelle, über die wir auf der Erde verfügen, auf Kernphänomene zurückgeht, da auch die Sonne eine Art Kernreaktor ist.

So hat man das unendlich Kleine untersucht und dadurch Phänomene verstanden, die sich so weit entfernt abspielen, daß sie noch zu Beginn unseres Jahrhunderts als unzugänglich für unsere Erkenntnismöglichkeiten galten.

Die These von der Expansion des Universums ist sicherlich noch nicht ausgeschöpft und enthält immer noch Rätselhaftes; man muß jedoch vor allem ihre »Logik« verstehen, denn diese Logik stellt unmittelbar den Zusammenhang zu der erwähnten Entdeckung her. Die Zusammensetzung der Materie, so wie wir sie heute kennen, kann nämlich nur auf Kernreaktionen zurückgehen, die vor sehr langer Zeit in den Sternen oder bei Sternexplosionen stattfanden; dort herrschten und herrschen aller Wahrscheinlichkeit nach Bedingungen, die wir heute in mikroskopischem Maßstab in unseren Teilchenbeschleunigern simulieren. Dies ermöglichte die Erforschung der Geschichte unseres Universums, also des Zeitraums von rund zehn Milliarden Jahren, in dem sich das Universum bis zu seinem gegenwärtigen Zustand entwickelte.

Wir wissen noch lange nicht, wie das Universum zu Beginn dieses

Zeitraums ausgesehen hat, doch eines ist sicher: Die Materie war in einem Zustand, der sich stark von ihrem heutigen unterschied. Man muß hinzufügen, daß der Zeitraum auch die Entfernung definiert, die das Licht seither zurückgelegt hat, sowie den Durchmesser unseres gegenwärtigen Universums; von jenseits dieser Grenze kann uns keine Botschaft erreichen.

Die Astrophysik setzt also einen neuen Maßstab von Raum und Zeit.

Man könnte durchaus sagen, daß das 20. Jahrhundert für das Verständnis des Universums dieselbe Rolle gespielt haben dürfte wie das 16. Jahrhundert für das Verständnis der Erde, als die Schiffe Magellans den Planeten umrundeten und damit bewiesen, daß seine Oberfläche endlich ist. Unser Jahrhundert hat uns bereits gezeigt, daß es ein begrenztes Universum gibt, mit dem wir Kontakt aufnehmen können und dessen Tiefe wir fast schon ausgelotet haben.

Die Astrophysik hat der Physik auf diese Weise eine neue Dimension eröffnet: die historische Dimension. Zuvor war die Physik die Wissenschaft von den Dingen, wie sie sind; die Astrophysik dagegen beschäftigt sich mit der Entwicklung der Sterne und Galaxien, mit der Entstehung der Elemente, kurz, mit der Geschichte des Universums. Offensichtlich gibt es in dieser Geschichte zahlreiche ungelöste Fragen; vieles jedoch, das gestern noch unbekannt und unerklärlich war, ist heute anerkanntes Wissen. Man weiß, daß die Sterne sich aus einer Wolke aus Wasserstoff und Helium bilden und danach verschiedene Stadien durchlaufen; die einen beenden ihr Leben als Kugeln aus dichter und kalter Materie, die anderen sterben in gewaltigen Explosionen, die wir als Supernovae beobachten, und hinterlassen manchmal sehr schnell rotierende Neutronensterne.

Wenn sich große Sterne nach der Erschöpfung ihres Kernbrennstoffes verdichten, entstehen derart hohe kinetische Energien, daß einzelne Protonen Energien in einer Größenordnung von mehreren hundert Millionen Elektronenvolt erreichen, nahe dem Energieäquivalent ihrer Ruhemasse. Hier nun stellt die Hochenergiephysik Erkenntnisse von unschätzbarem Wert zur Verfügung: all die Phänomene, die sie seit den dreißiger Jahren entdecken und analysieren konnte.

Die Hoffnung ist nicht abwegig, daß eines Tages eine Verbindung zwischen dieser Physik und den Phänomenen der Gravitation zustandekommt. Damit würde der Traum vieler Physiker Wirklichkeit: Die vier heute in der Natur bekannten Wechselwirkungen – starke, schwache, elektromagnetische und Schwerkraft – würden miteinander vereinigt. Dann hätte man tatsächlich die »einheitliche Feldtheorie«.

II Die Bedeutung der Quantenmechanik

Wenn man die tiefere Bedeutung und die Aktualität der quantentheoretischen Revolution – sie hat, wie wir gesehen haben, eine neue Ära in der Geschichte der Physik eröffnet – ermessen will, empfiehlt es sich, ihre zentralen Begriffe herauszugreifen und abwegige Interpretationen ihrer Ergebnisse aus der Zeit zu Beginn dieses Jahrhunderts zu widerlegen, die unglücklicherweise heute noch sehr verbreitet sind.

Die wichtigste Idee der Quantentheorie ist wie gesagt das *Identitätsprinzip*. Zwei Atome Gold, Eisen oder Wasserstoff sind absolut identisch. Ich habe schon betont, wie sehr diese Idee mit den Vorannahmen selbst der klassischen Physik bricht. Es sei mir gestattet, etwas bei der Geschichte unserer Disziplin zu verweilen und das von mir so genannte Boltzmann-Paradoxon in Erinnerung zu rufen, um die Neuartigkeit dieses Gedankens zu unterstreichen.

Im Rahmen der klassischen Mechanik muß in einem System aus Atomen in thermischem Gleichgewicht mit gegebener Temperatur die thermische Energie gleichmäßig über alle Bewegungszustände verteilt sein. Darauf hat Ludwig Boltzmann 1890 hingewiesen. Wenn also ein Teil der Materie erhitzt wird, müßten sich die Elektronen schneller bewegen, die Protonen im Innern des Kerns stärker schwingen, die Teilchen, aus denen die Protonen bestehen, sich rascher bewegen etc.

Aber genau das geschieht nicht! Nur die äußeren Bewegungen der Atome ändern sich. Die thermische Energie dringt nicht in das Atom vor und tastet seine inneren Freiheitsgrade nicht an, sofern die Temperatur einige tausend Grad nicht überschreitet.

Um sich das verständlich zu machen, muß man die Struktur des Atoms mit einer anderen Begrifflichkeit als der klassischen Mechanik erfassen. Die *Identität* des Atoms ist nicht ohne den Begriff des Quantenzustands zu begreifen, den Bohr in seiner ersten wissenschaftlichen Schaffensperiode geprägt hat.

Die Wellenfunktionen der Elektronen bilden spezielle Schemata, die charakteristisch sind für die Situation des Elektrons im Anziehungsbereich des Kerns und anderer Elektronen. Diese Schemata bilden die Grundformen, die den Aufbau aller uns bekannten Dinge erklären. Die Formen werden direkt durch die Kräftefelder bestimmt, die die Elektronen binden. Sie treten immer – identisch und unverändert – auf, wenn sich das Atom in ähnlichen Bedingungen befindet.

Hinzuzufügen ist noch, daß die Quantenzustände mit Zahlen gekennzeichnet werden. Die Elektronenzahl und die Quantenzahlen eines gegebenen Zustands bestimmen alle Eigenschaften des Atoms in diesem Zustand vollständig.

Darin besteht die Größe, der Reichtum und, wenn ich so sagen darf, die Schönheit der Quantentheorie: in ihrer Fähigkeit, die Welt des Atoms exakt zu erklären. Indem sie Gesetze entdeckt hat, die die spezifischen Formen genau definierter Grundbausteine bestimmen, hat sie ein Grundproblem der Naturphilosophie gelöst. Die Natur besteht aus solchen Grundbausteinen. Das zeigt sich eindeutig schon dann, wenn man nur von der alltäglichen Erfahrung ausgeht. Bekanntlich haben die Stoffe charakteristische Eigenschaften: Eisen bleibt nach dem Verdampfen und Kondensieren immer noch Eisen. Zunächst beschäftigte sich die Chemie mit seinen spezifischen Eigenschaften; dann kam die Quantenmechanik und erklärte rational, warum sich die Atome auf so unendlich verschiedenartige Weise zusammenlagern und immer größere Einheiten bilden. Man entwickelte eine Theorie der Molekülbindung, bei der die Orbitale (darauf werde ich gleich eingehen) die Atomkerne in einer bestimmten Verteilung zusammenhalten.

Atomzusammenballungen bestehen demnach aus Kernen und aus Elektronen, die durch die wechselseitige Anziehung an den Kern gebunden sind. Die Kerne sind schwer, die Elektronen leicht. Die Abstände zwischen den einzelnen Atomen werden durch die Größe der Elektronenwolke jedes Atoms bestimmt. Deren Ausdehnung kann selbst wieder als Schwingungsamplitude der Elektronenwellen betrachtet werden. Da die Masse der Kerne viel größer ist, ist auch ihre Oszillation in einem Molekül viel kleiner; deshalb bilden die Atomkerne in den Molekülen und Festkörpern ein sehr gut lokalisierbares Skelett, während die Elektronen

kontinuierlich verteilt sind wie das Muskelgewebe des Körpers um das Skelett.
Die Verteilung der Kerne im Inneren der Moleküle entspricht strukturellen Merkmalen, deren architektonische Konsequenzen die Chemie und die Werkstoffkunde untersuchen. Indem die Quantenmechanik komplexe Gebilde aus Atomen in dieser Weise beschreibt, erklärt sie alle Eigenschaften und Konstanten der Materie, über die die klassische Physik nur empirische Informationen hatte sammeln können.
Nehmen wir als Beispiel die Härte der Festkörper. Die Quantenmechanik erklärt den Widerstand gegen eine Kompression, der die feste Materie auszeichnet, folgendermaßen: Verringert sich das Volumen, steigt die kinetische Quantenenergie der Elektronen. Diese wirkt der Verminderung der potentiellen Energie entgegen, die mit dieser Volumenreduktion einhergeht.
An dieser Stelle möchte ich betonen, daß ich keinesfalls die Meinung teile, die Welt des Atoms sei nicht real oder weniger real als die sichtbare Welt um uns herum. Doch wenn sich das Universum der Atome von unserer gewohnten Welt unterscheidet – und zwar stärker, als man erwarten konnte –, dann muß man auch festhalten, daß seine Ordnungsschemata weit differenzierter sind als die der Phänomene, die wir mit Hilfe der klassischen Begriffe verstehen und bildlich umsetzen können.

Die Realität der Welt des Atoms

Jetzt wird auch klar, warum ich mich immer gegen den Ausdruck »Unbestimmtheitsprinzip oder -relation« gewandt habe, den man Heisenberg zuschreibt. Manche Leute wollen die Geschichte der modernen Physik als eine Reihe philosophischer Katastrophen sehen: Mit Einstein habe man die Welt des Relativen betreten, wenig später mit der Quantenmechanik die Welt der Ungewißheit!
Meine Meinung zum ersten Punkt habe ich schon dargestellt. Doch wie muß man die Heisenbergschen Relationen interpretie-

ren? Ich erinnere an das Ausgangsproblem, das zugleich ein technisches und ein theoretisches war. Wie kann es sein, fragte man sich, daß ein Elektron zugleich eine Welle und ein Teilchen ist? Wenn man die Flugbahn des Elektrons sorgfältig verfolgte, so dachte man, müßte man die Frage entscheiden und das Elektron einer der beiden, offensichtlich inkompatiblen Kategorien zuordnen können.

Wenn wir aber die Feinstruktur der Elektronenbahn »betrachten« wollen, müssen wir Licht mit sehr geringer Wellenlänge benutzen. Dieses Licht hat eine hohe Frequenz, ist also sehr energiereich. Wenn dieses Licht auf das Elektron trifft, kann es dieses aus seiner Bahn herauskatapultieren. Man zerstört also genau das, was man beobachten wollte.

Solche Erwägungen sind es, die der »Unbestimmtheits«relation zugrundeliegen. Negativ formuliert heißt das, daß in der Physik bestimmte Messungen unmöglich sind, und zwar genau die, die entscheiden könnten, ob das Elektron nun eine Welle oder ein Teilchen ist. Das gilt genauso für das Proton und jedes andere Teilchen. Bei der Messung ändert sich der Quantenzustand des Gegenstands, den man messen will, gerade wegen der Messung völlig.

Diese Schwierigkeit stellt kein bloßes technisches Problem dar, das man mit leistungsfähigeren Geräten vielleicht lösen könnte. Die Heisenbergschen Einschränkungen wurzeln tiefer: Sie ergeben sich direkt aus der Doppelnatur der atomaren Teilchen. Daß diese auf unsere Versuchsanordnung reagieren, stellt etwas noch nie Dagewesenes dar, das bei den experimentellen Verfahren in makroskopischem Maßstab kein Gegenstück hat. Wir können diese Objekte also nicht unabhängig von dem Beobachtungsverfahren beschreiben, wie das bei gewöhnlichen Objekten der Fall ist.

Der Wellencharakter des Elektrons ist eine Eigenschaft, die eng an die Integrität und Identität des Atoms geknüpft ist. Wenn wir festzustellen versuchen, wo genau in dieser Welle sich das Elektron eigentlich befindet, finden wir es dort tatsächlich als echtes Teilchen vor, doch haben wir die Einzigartigkeit des Quantenzustands zerstört. Nun ergeben sich aber die charakteristischen Eigenschaften des Quantenzustands des Atoms gerade aus dem Wellencharakter des Elektrons: die einfache Form, die Rückkehr zu seinem Ursprungszustand nach einer Störung...

Die große Entdeckung der Quantenphysik sind diese individualisierten Quantenzustände. Jeder bildet ein unteilbares Ganzes, solange nicht Beobachtungsmethoden in ihn eingreifen und ihn stören. Jeder Versuch, die Bestandteile des Atoms zu beobachten, setzt Mittel mit so hohen Energien ein, daß sie unausweichlich die Struktur des Quantenzustands zerstören.

Die Exaktheit der Quantenphysik

Nehmen wir, bevor wir diesen Punkt abschließen, den historisch so wichtigen Fall des Elektronenstrahls noch einmal auf. Wenn wir uns auf die klassische Physik vor der quantentheoretischen Revolution beziehen, müssen wir den Elektronenstrahl als einen Strahl aus Teilchen, also aus kleinen, materiellen Partikeln, behandeln, die sich in gerader Linie hintereinander bewegen. Ein derartiger Strahl unterscheidet sich stark von einem Lichtstrahl, wie ihn sich die klassische Physik vorstellt. Sie betrachtet letzteren als ein Bündel elektromagnetischer Wellen, die sich in einer bestimmten Richtung im Raum ausbreiten. Sie kennt also beim Licht keine sich bewegende Materie, sondern nur den sich ändernden Zustand des elektromagnetischen Feldes im Raum. Diese beiden klassischen Strahlen unterscheiden sich so deutlich und so radikal wie die Bewegung der Wellen auf einem See und die eines Schwarms Fische, die in dieselbe Richtung schwimmen. Sogar der Ausdruck »Strahl«, der in beiden Fällen (Licht und Elektronen) verwendet wird, bezeichnet zwei unterschiedliche Tatsachen.
Man kann verstehen, wie überrascht die Physiker waren, als sie feststellten, daß die Elektronenstrahlen Eigenschaften von Wellen aufweisen und umgekehrt die Lichtstrahlen sich wie Teilchenstrahlen verhalten! Ich habe geschildert, wie das Problem theoretisch gelöst worden war: Das Licht hat eine korpuskulare Struktur, und die Energie des Strahls – die der Geschwindigkeit seiner Teilchen entspricht – wird der Materie in definierten Mengen, das heißt von den Lichtquanten, übertragen. Die Energie eines Quants ist proportional der Frequenz f; sie hat den Wert

hf, wobei h eine Konstante, das Plancksche Wirkungsquantum, ist.

Der Wellencharakter von Teilchenstrahlen tritt auf verschiedene Weisen in Erscheinung, unter anderem in der bekannten Beobachtung, daß die Teilchenstrahlen Interferenzphänomene hervorrufen, ähnlich wie Wellenstrahlen beim Durchgang durch einen Doppelspalt. Daher müssen diese Phänomene wahrscheinlichkeitstheoretisch beschrieben werden: Die Vorhersage des genauen Aufenthaltsorts des Elektrons kann nur für die statistische Gesamtgröße gelten. So ist es zwar möglich, einen Wellenbereich, in dem sich das Elektron befindet, zu bestimmen, jedoch nicht den genauen Punkt.

Nun ist aber auch dieses Phänomen einzigartig. Wenn man versucht, ein Experiment aufzubauen, um festzustellen, welchen Spalt das Elektron passiert hat, verschwindet die Interferenz! Das Experiment zerstört die Eigenart des Quantenphänomens.

Muß man daraus, wie auch aus der allgemeinen Bemerkung zuvor, schließen, daß man im Atom einen Bereich betritt, in dem die Unbestimmtheit und damit die Ungewißheit herrschen? Stimmt es, wie seit fünfzig Jahren immer wieder behauptet wird, daß mit der Revolution der Quantentheorie für die Physik ein neues Zeitalter angebrochen ist, in dem sich das Gebäude, das einst so felsenfest zu stehen schien, bis in die Fundamente als unsicher erweist? Ergeben sich daraus Argumente gegen den Wert der Wissenschaft und gegen ihre Objektivität? Ich verneine diese Fragen ganz entschieden.

Im Gegenteil liegt, wie schon gesagt, gerade in der Präzision und der Feinstbestimmung der Phänomene die außerordentliche Errungenschaft dieser Revolution. Man denke nur daran, wie sie die Ursachen der Identität zweier Atome desselben Stoffs und damit auch die Ursachen ihrer charakteristischen Eigenschaften erklärt: Die Elektronenbahnen nehmen aufgrund der Anziehung des Kerns ganz bestimmte Formen an, genau wie die Form der Schwingung einer Violinsaite von der Stellung der Wirbel, dem Fingersatz etc. bestimmt wird.

Im Wasserstoffatom zum Beispiel ist die stehende Welle, die dem niedrigsten Energieniveau entspricht, kugelsymmetrisch; die Welle, die dem nächsthöheren Energieniveau entspricht, sieht aus wie eine rotierende Acht; jedes Energieniveau hat seine ganz bestimmte Form. Wir sind also weit, sehr weit entfernt von der Ungewißheit, mit der man die Quantenmechanik immer noch in Zusammenhang bringt.

Die quantentheoretische Stufenleiter

Wenn man diese neuartige Präzision, die die gerade vorgestellten Begriffe und Methoden für die Physik gebracht haben, ermessen will, dann bietet sich das an, was ich gerne die quantentheoretische Stufenleiter nenne. Dies ist eine Hierarchie der materiellen Systeme, wie man sie ab den dreißiger Jahren entwickelte.
Wie schon wiederholt gesagt, bleibt also die Identität des Atoms bestehen, solange es nicht durch Quanteneffekte gestört wird. Nun hängt aber die Wahrscheinlichkeit eines Übergangs zu einem angeregten Zustand vom Charakter des Systems ab. Die Schwelle liegt um so höher, je kleiner das System ist. Zum Beispiel genügt eine sehr geringe Energie, um den Quantenzustand eines großen Moleküls zu ändern; zur Änderung des Quantenzustands eines einzelnen Atoms bedarf es schon viel mehr; und man braucht hunderttausende Male mehr Energie, um eine Veränderung im Innern des Atomkerns hervorzurufen. Auf diesen Überlegungen gründet der Begriff der quantentheoretischen Stufenleiter.
Bei sehr tiefen Temperaturen bilden die Moleküle jeder Substanz eine große Einheit, einen hermetisch geschlossenen Kristall, in dem alle Teile identisch sind. Wenn wir diesen Kristall erhitzen, schmilzt oder verdampft er, und es entstehen Flüssigkeiten oder Gase.
In Gasen wie denen der Luft bei Normaltemperatur bewegt sich jedes Molekül selbständig auf seiner eigenen Flugbahn; die Moleküle prallen mit unregelmäßigen Bewegungen, in vielfachen Kollisionen und völlig zufällig zusammen. Diese Molekularbewegungen sind voneinander unabhängig und verändern sich ständig. Dessen ungeachtet müssen jedoch die Moleküle selbst immer noch miteinander identisch sein. Wir sagen also mit unserem neuen

Vokabular, daß die Kollisionsenergien nicht groß genug sind, um den Quantenzustand der Moleküle zu zerstören.
Wenn wir die Temperatur noch weiter erhöhen, überschreiten die Kollisionsenergien irgendwann eine bestimmte Schwelle, und die Moleküle gehen in einen angeregten Zustand über. Die innere Bewegung der Atome und Elektronen hat dann Anteil am Energieaustausch. Bei solchen Temperaturen beginnt das Gas zu strahlen und Licht zu emittieren. Bei noch höheren Temperaturen zerfallen erst die Moleküle in Atome, dann streifen die Atome ihre Elektronen ab. Damit verlieren die Atome ihre Individualität und ihre Spezifität. Die Elektronen und die Atomkerne bewegen sich frei und zufällig.
Diese Situation finden wir nur im Innern der Sterne bei sehr hohen Temperaturen. Trotzdem ist es möglich, sie im Labor für eine kleine Anzahl Atome zu reproduzieren. Genau damit beschäftigt sich die Plasmaphysik. Auf dem Energieniveau eines Plasmas behalten die Atomkerne noch ihre Identität, wohingegen die Atome ihre spezifischen Eigenschaften verloren haben. Erst wenn man dem System wie in den großen Teilchenbeschleunigern Energien von Millionen Elektronenvolt zuführt, werden die höchsten Quantenzustände des Kerns angeregt oder zerfällt der Kern selbst in seine Bestandteile, also in Protonen und Neutronen. Dann hat auch der Kern seine Identität und seine spezifischen Eigenschaften verloren; er ist zu einem Gas aus Protonen und Neutronen geworden.
In den neuesten, riesigen Teilchenbeschleunigern können die Protonen und Neutronen derart hohen Energien ausgesetzt werden, daß sich auch ihre innere Struktur allmählich offenbart – wiederum um den Preis des Verlustes ihrer Identität. Kurzum: Die Struktur der Welt enthüllt sich so Schritt um Schritt. Und denjenigen Lesern, die ich immer noch nicht überzeugt habe, schlage ich jetzt vor, die quantentheoretische Stufenleiter wieder hinunterzusteigen, also den umgekehrten Weg wie eben zu gehen.

Beginnen wir am oberen Ende der Leiter bei einem Gas aus Protonen, Neutronen und Elektronen mit einer extrem hohen Temperatur, mit kritischen Energien von mehreren Millionen Elektronenvolt. Unter derartigen Bedingungen sind die einzigen auffindbaren »Individuen« die drei genannten Teilchen. Ihre Bewegungen sind absolut ungeordnet.

Jetzt steigen wir eine Sprosse tiefer auf die Stufe, die einer kinetischen Energie von einer Million Elektronenvolt entspricht. Hier lagern sich die Protonen und Neutronen zusammen und bilden Atomkerne. Man sieht »Individuen« entstehen. Mehrere Arten von Atomkernen sind möglich: die Kerne von 92 Elementen im Periodensystem der Elemente und ihren Isotopen (so nennt man Elemente, die an dieselbe Stelle des Periodensystems gehören, deren Kerne jedoch eine unterschiedliche Neutronenzahl aufweisen); jeder einzelne Kern hat einen individuellen, genau definierten Zustand. Die Bewegung der Elektronen und der Kerne jedoch ist immer zufällig; sie erfolgt ungeordnet, unregelmäßig.

Gehen wir zu noch tieferen Temperaturen, also zu Energien von nur einigen Elektronenvolt (diese Energie entspricht der Temperatur der Sonnenoberfläche): Die Elektronen sind jetzt in regelmäßige Quantenzustände rund um die Atomkerne zurückgefallen. An diesem Punkt auf der quantentheoretischen Stufenleiter erscheinen die Atome mit ihren spezifischen Besonderheiten und ihren chemischen Eigenschaften.

Wenn wir noch weiter bis auf das Niveau eines Elektronenvolts hinabsteigen, bilden die Atome einfache Moleküle. Damit entstehen noch zahlreichere und vielfältigere chemische Substanzen, die genauso unterschiedlich und spezifisch sind wie die Atome, jedoch etwas weniger stabil.

Die Energie fällt weiter bis zu einigen Hundertstel Elektronenvolt – der normalen Temperatur auf der Erdoberfläche –, und die meisten Moleküle lagern sich zusammen, bilden Flüssigkeiten und Kristalle und vergrößern so die Vielgestaltigkeit der Materie weiter. Doch liegt hier zugleich auch die Schwelle, ab der sich Riesenmolekülketten bilden: Die lebendigen Organismen erscheinen. Das beginnt mit der Entstehung einer Vielzahl chemischer Verbindungen aus Kohlenstoff, Wasserstoff, Sauerstoff und Stickstoff – Nukleinsäuren, Aminosäuren und Proteinen. Die Molekularbiologie ist gerade dabei, die komplizierte Dynamik dieser Riesenmoleküle aufzuklären. Die spektakulärste Eigenschaft dieser Moleküle ist die Fähigkeit, sich zu reduplizieren.

Diese Reproduktionsfähigkeit setzt einen neuen Mechanismus in Gang: Die Struktur, die am besten an die Reproduktionsbedingungen angepaßt und am besten gegen Beschädigung geschützt ist, wird sich in größerem Maße reproduzieren. Daher entwickeln sich auch die lebenden Organismen in einem kontinuierlichen Prozeß; denn durch den Mechanismus der natürlichen Selektion werden sie immer besser angepaßt. Die Reproduktion lebender Strukturen wird von bestimmten, sehr großen Molekülen gesteuert; das wichtigste ist die DNS (Desoxyribonukleinsäure). Die innere Struktur der DNS bestimmt die Eigenschaften der Grundbausteine des Lebens, die ständig neu produziert werden.
Letztlich aber ist wiederum die Individualität der Quantenzustände verantwortlich für die spezifische Struktur der DNA-Basen und der Stabilität ihrer Reihenfolge in der DNS. Da die Makromoleküle sehr lang sind, ist die Zahl der möglichen Quantenzustände unendlich viel größer als bei Atomen oder einfachen Molekülen, und ihre Formen sind viel komplexer und unterschiedlicher; das drückt sich in der großen Vielfalt der lebenden Arten aus.
Ein Schritt weiter: Das Leben braucht zu seiner Erhaltung Temperaturen, die niedrig genug sind, damit sich Makromoleküle bilden können, die jedoch auch hoch genug sind, damit die für die Lebensprozesse nötige Energie zur Verfügung steht. Wenn wir unseren Abstieg auf der quantentheoretischen Stufenleiter bis zum absoluten Nullpunkt fortsetzen, sehen wir, daß alles Leben zerstört wird und daß die gesamte Materie einen großen Kristall bildet, in dem viele existierende Arten erhalten bleiben, allerdings völlig erstarrt. Das ist das Stadium des Todes.
Es ist sehr wahrscheinlich, daß die Umwandlung der Materie in der Geschichte des Universums die quantentheoretische Stufenleiter von den höchsten bis zu den niedrigsten Energien durchläuft, wie wir es gerade getan haben.

Die Geschichte der materiellen Welt, unserer Welt also, hat zweifelsohne mit einer Ansammlung von Protonen, Neutronen und Elektronen mit sehr hoher Energie begonnen, die durch die Gravitation im Innern eines jungen Sterns zusammengepreßt wurden – ein Zeitabschnitt fast ohne Differenzierungen. Später lagerten sich die Elementarteilchen zu Atomkernen zusammen, und in den kältesten Regionen des Sterns entstanden Atome – der erste Schritt hin zu einer Organisation. Die individuellen Eigenschaften traten allmählich in Erscheinung, die Bewegung und die Strahlung waren nicht mehr gleichförmig. Verschiedene Kategorien identischer Objekte tauchten auf.

An der Oberfläche der kälteren Sterne und Planeten fiel die Temperatur weiter, und es traten Bedingungen ein, die die Entstehung einer großen Vielfalt chemischer Verbindungen begünstigten. In diesem Zeitabschnitt erhielt die Welt ein Gesicht, das uns nicht mehr ganz fremd ist: Gebirge, Wüsten, Gewässer, Mineralien und allerlei chemische Verbindungen; eine Welt ohne jede Form von Leben.

Schließlich begann an bestimmten Stellen im Universum, dort, wo günstige Voraussetzungen herrschten, das große Abenteuer der belebten Natur, zu dem auch wir gehören. Die organischen Makromoleküle begannen ihren Reproduktionszyklus, und die Evolution der verschiedenen Lebensformen kam in Gang. Das menschliche Leben, Denken und Empfinden ist ein Ergebnis dieser Phase.

Der Kontrast zu dem formlosen Chaos des Anfangs des Universums illustriert einleuchtend, daß die Materie von sich aus nach Differenzierung und Spezifikation strebt. Diese Tendenz beruht letztendlich auf der Stabilität und der Individualität der Quantenzustände.

Warum ist der Himmel blau?

Gegen diese Schilderung – so beeindruckend sie auch sein mag – könnte man einwenden, daß das doch alles abstrakte Theorien seien, die mit unserer alltäglichen Erfahrung nichts zu tun hätten. Ich glaube aber, ich habe alle Argumente für die gegenteilige Ansicht genannt: Die Quantentheorie ist mitnichten weit von unserem Alltag entfernt, im Gegenteil, sie bezieht sich vielmehr auf genau die Welt, in der wir leben. Sie läßt uns die feinsten Strukturen der Materie verstehen, und sie hat uns, auf Gedeih

und Verderb, die Möglichkeit zur Beherrschung einiger der mächtigsten energetischen Prozesse im Universum in die Hand gelegt.
Trotzdem möchte ich meine Argumentation noch etwas ergänzen, und ich zweifle nicht, daß dies jeden interessieren wird. Mit der Quantentheorie der Wechselwirkung des Lichts mit der Materie kann man nämlich auch solche Fragen beantworten wie: Warum ist der Himmel blau? Warum ist Papier weiß? Warum ist Wasser durchsichtig? Warum erscheint ein Gegenstand farbig? Warum glänzt Metall?

Der Leser gestatte mir, nur auf die Frage, warum der Himmel blau ist, einzugehen, damit meine Darlegungen, die selbst in diesem einen Fall schematisch bleiben müssen, nicht den Rahmen dieses Buches sprengen.
Wie erklärt die Quantentheorie die Absorption des Lichts durch einen Körper, anders gesagt, durch ein Atom oder Molekül? Stellen wir uns ein Atom oder ein Molekül vor, das im elektromagnetischen Feld einer Lichtwelle von genau definierter Farbe »schwimmt«. Diese Welle wird als eine Ansammlung von Photonen beschrieben, die alle dieselbe Energie hf besitzen; diese Energie hängt von der Frequenz f ab, welche der Farbe des verwendeten Lichts entspricht. Das Atom wiederum beschreibt die Quantentheorie als ein System, dessen Energie gequantelt ist, das also eine Folge von getrennten Niveaus darstellt: Die Energie eines Atoms kann nur bestimmte Werte – eben die der Energieniveaus – annehmen, und diese Werte sind für das fragliche Atom charakteristisch oder, genauer gesagt, für das Element, zu dem es gehört: Kohlenstoff, Stickstoff etc.
Wenn es nicht angeregt wird, befindet sich ein Atom im Zustand der geringstmöglichen Energie überhaupt, in seinem Grundzustand. Wenn ihm Photonen mit einer Frequenz f Lichtenergie zuführen, kann es in einen höheren Energiezustand übergehen, vorausgesetzt, die Energie der Photonen hf ist genau gleich der Differenz zwischen einem seiner erlaubten Niveaus und seinem Grundzustand.
In diesem Fall absorbiert das Atom ein Photon, das aus dem einfallenden Lichtstrahl verschwindet, und geht in einen höheren Ener-

giezustand über. Man bezeichnet eine derartige Absorption als Resonanzabsorption oder auch abgekürzt als Resonanz.
Ich werde jetzt ein weiteres zweckmäßiges Atommodell einführen. Denken wir uns die Elektronen des Atoms als kleine Oszillatoren, die unter der Einwirkung einer elektromagnetischen Welle schwingen können und deren Eigenfrequenzen (also die Frequenzen, in denen das Elektron am leichtesten in Schwingungen versetzt werden kann) einem Übergang des Atoms von seinem Grundzustand in einen seiner angeregten Zustände entsprechen. Anders gesagt, die Eigenfrequenzen des Resonators, der uns als Atommodell dient, sind gleich seinen quantentheoretischen Resonanzfrequenzen.
Untersuchen wir mit Hilfe dieses Oszillatormodells, wie das Licht auf Atome wirkt, und vergessen wir ab jetzt die Photonen und die Quantenzustände des Atoms: In diesem Modell betrachten wir das Licht als eine klassische elektromagnetische Welle, die auf klassische, durch ihre Eigenfrequenzen charakteristische Oszillatoren einwirkt. Unter der Einwirkung der Lichtwelle beginnt der Oszillator zu schwingen; die Reaktion des Oszillators ist sehr schwach (aber nicht null), wenn die Frequenz der einfallenden Welle sich von einer seiner Eigenfrequenzen unterscheidet, dagegen wird sie sehr stark, wenn die Frequenzen der Welle und des Oszillators übereinstimmen, wenn also Resonanz auftritt.
Welche Resonanzfrequenzen haben die verschiedenen Atome und Moleküle?
Bei den meisten einfachen Atomen (Sauerstoff, Stickstoff, Wasserstoff) liegen sie weit oberhalb der Frequenzen des sichtbaren Lichts im Ultraviolett. Aus diesem Grund erscheint uns ein Gas durchsichtig.
Bei Molekülen (O_2, H_2, H_2O) liegen die Resonanzen unter den sichtbaren Frequenzen im Infrarot und im Ultraviolett, also wieder außerhalb des sichtbaren Bereichs. Ein Unterschied jedoch ist wichtig: Bei den Atomen sind die schwingenden Massen Elektronen; bei den Molekülen schwingen die Atome selbst, also viel schwerere Massen als im ersten Fall. Das hat zur Folge, daß ein und dieselbe Welle die »Atom-Oszillatoren« leichter in Bewegung bringt als die »Molekül-Oszillatoren«.

Damit nun können wir eine der schönsten Farben der Natur erklären: das Blau des Himmels.
Das Sonnenlicht setzt sich aus einer Reihe von Strahlungen zusammen, die allen möglichen Frequenzen des Spektrums vom Ultraviolett über den sichtbaren Bereich bis zum Infrarot entsprechen. Untersuchen wir jetzt, wie diese verschiedenen Strahlungen auf die Oszillatoren, also die Atome und Moleküle in der Atmosphäre, einwirken. Die infrarote Strahlung erzeugt die Resonanz der Moleküle, doch die entsprechenden Amplituden sind, wie gerade erwähnt, gering. Dagegen löst die ultraviolette Strahlung bei den Atomen Resonanz mit beträchtlichen Amplituden aus. Die Strahlung im sichtbaren Bereich regt schließlich die Oszillatoren zu Schwingungen mit einer mittleren oder auch geringen, jedoch bei allen gleichen Amplitude an, da die Oszillatoren im sichtbaren Bereich keine Resonanz zeigen. Kurz: Das Sonnenlicht erzeugt Schwingungen mit mittlerer und geringer Amplitude im sichtbaren Bereich, vernachlässigbare Schwingungen im Infrarot und sehr starke im Ultraviolett.
Jetzt müssen wir berücksichtigen, daß eine oszillierende Ladung wie das Elektron eines schwingenden Atoms ebenfalls Licht emittiert. Dies ist eine der grundlegenden Erkenntnisse der Maxwellschen Theorie der elektromagnetischen Felder. Ein oszillierendes Elektron emittiert in alle Richtungen eine elektromagnetische Welle (anders gesagt Licht), deren Frequenz gleich ist seiner Eigenfrequenz – die sogenannte Rayleigh-Streuung. Erwiesenermaßen ist die Intensität dieser Emission proportional der vierten Potenz der Frequenz.
Die Erklärung auf unsere Frage lautet also folgendermaßen: Die Moleküle der Luft werden von der Sonne angestrahlt und emittieren Licht. Die Emission im blauen Bereich ist wichtiger als die im roten, weil die Frequenz von blauem Licht rund doppelt so hoch ist wie die von rotem Licht. Und weil nun die vierte Potenz wirksam wird, erscheint der Himmel, wenn man nicht in die Sonne schaut, blau.

Der Physikerberuf ändert sich

Mir scheint, ich habe jetzt ausführlich genug über die intellektuelle Revolution gesprochen, die sich mit der Quantentheorie vollzog. Nun möchte ich diese Umwälzung, die die Physik seitdem und dadurch erfahren hat, noch unter einem anderen Aspekt betrachten. Dabei geht es mir um den Beruf des Wissenschaftlers und die damit zusammenhängenden soziologischen, aber auch philosophischen Probleme.

Wie wir gerade erfahren haben, erfordert die Erforschung der höchsten Stufen der quantentheoretischen Stufenleiter den Bau immer leistungsstärkerer Teilchenbeschleuniger. Nur mit ihnen sind so gigantische Energien wie nirgendwo sonst auf unserem Planeten zu erzielen. Auf diese Weise ist eine technisch äußerst aufwendige Physik entstanden; eine der bedeutendsten Forschungsstätten war und ist das CERN (*Centre européen de recherche nucléaire*) in Genf, das zu Beginn der fünfziger Jahre von den wichtigsten Ländern Westeuropas gegründet wurde.

Im Jahre 1960 trug man mir die Nachfolge des auf tragische Weise verstorbenen Direktors J. Bakker an. Zu diesem Zeitpunkt waren die Beschleuniger, die aufgrund eines 1952 beschlossenen Programms gebaut worden waren, gerade betriebsbereit; zugleich mußte man die Konstruktion einer neuen Generation von Beschleunigern in die Wege leiten. Ich werde hier nicht im einzelnen auf meine Tätigkeit von 1961 bis 1966, als ich wieder in die USA zurückkehrte, eingehen; ich werde an anderer Stelle über die leidenschaftlichen Diskussionen um diese Maschinen der Zukunft berichten, die damals geführt wurden. Es gab mehrere Optionen, und es mußten Probleme gelöst werden, wie sie unweigerlich zwischen den verschiedenen Nationen, den Physikern – die zwar alle dieselbe Logik, nicht jedoch denselben Standpunkt hatten –, den Ingenieuren, den Konstrukteuren, den Mechanikern, den Arbeitern und den Politikern auftraten.

Ich denke gerne an diese aufregenden fünf Jahre meines Lebens zurück und empfinde es als große Bestätigung, an etwas Bedeutendem mitgewirkt zu haben. Doch ich möchte auch mit Nachdruck darauf hinweisen, welche langfristigen Probleme diese neue Aus-

prägung der Wissenschaft Physik mit sich bringen kann, wenn wir uns nicht in acht nehmen.
Die Physik hat sich seit den Zeiten meiner ersten Schritte auf diesem Gebiet stark verändert. Heute wird sie in Langzeitprogrammen organisiert und betrieben, bei denen man für sechs oder sieben Jahre im voraus entscheiden muß, ob diese oder jene Experimente von wissenschaftlichem Interesse sein werden. In mancherlei Hinsicht ist die Wissenschaft zu einem Unternehmen geworden, das so schnell wie möglich neue Erkenntnisse produzieren soll. Deshalb wird eine immer stärkere Spezialisierung zur Regel, und das ist sehr gefährlich.
Diese Spezialisierung ist eine Reaktion auf den Zeitdruck, unter dem die Forschung steht; die Wissenschaftler haben gar nicht mehr die Zeit, um sich mit anderen Gebieten als ihren eigenen zu befassen, weil ihnen die Konkurrenz im Nacken sitzt. Das Ergebnis: Unser Bildungssystem produziert keine Physiker mehr, sondern Hochenergiephysiker, Festkörperphysiker, Kernphysiker etc. Und jeder sucht nach Abschluß seiner Ausbildung eine Stelle in einem Bereich, der zum Thema seiner Doktorarbeit gehörte.
Darin manifestiert sich eine sehr eingeengte Auffassung von Physik. Ein Physiker sollte sich für alle Seiten der Physik interessieren und seine Interessen gerne wechseln, denn nur so entstehen neue und fruchtbare Ideen. Die Wissenschaft hat da die meisten Fortschritte gemacht, wo sie mit einem sehr breit angelegten Zugang operierte.
Ich darf zu diesem Punkt eine persönliche Erinnerung berichten. Weil ich zusammen mit meinem Kollegen John Blatt ein dickes Buch über theoretische Kernphysik geschrieben hatte, war ich gewissermaßen zu einem anerkannten Experten geworden. Ich beherzigte aber die Warnung, die mir Pauli einmal gegeben hatte: »Werden Sie nie ein Spezialist, und zwar aus zwei Gründen: Erstens, wenn Sie ein Spezialist sind, werden Sie zum Formalismusvirtuosen und vergessen die eigentliche Natur; zweitens riskieren Sie, in Zukunft nie mehr an etwas wirklich Interessantem zu arbeiten.« Ich wandte mich also der Hochenergiephysik und den Problemen der internationalen Wissenschaftspolitik zu, die mich schließlich ans CERN führten.
Ich bin überzeugt, daß die naturwissenschaftliche Ausbildung die

Einheit und die Universalität der Wissenschaft unbedingt wieder mehr betonen muß, daß sie aufhören muß, hochspezialisierte Fachleute für ein ganz bestimmtes Teilgebiet zu produzieren. Ich bestreite nicht, daß wir kompetente Experten brauchen, doch wir müssen auch die Verbindungen zwischen den verschiedenen wissenschaftlichen Gebieten sorgfältig pflegen und sie den Studenten nahebringen. Isidor Rabi hat das mit wenigen Worten ausgedrückt: »Die Wissenschaft braucht die Integration. Der Trend geht in die andere Richtung... Nur der Student, im Grunde doch ein armer Hund, soll von allem etwas wissen. Je mehr Physiker es gibt, desto stärker grenzen sich die einzelnen Spezialgebiete gegeneinander ab. Eine derartige Zersplitterung entfernt die Physik und im Prinzip alle Naturwissenschaften von der Naturphilosophie, die ihnen doch ihren geistigen Sinn verleiht und auf die sie hinzielen.«

Eine andere bedauerliche Folge der Überspezialisierung: In wissenschaftlichen Veröffentlichungen wird heutzutage viel zu wenig Wert auf klaren Aufbau und klare Ausdrucksweise gelegt. Man glaubt, nur der Inhalt sei ausschlaggebend. Einen sogenannten Übersichtsartikel können in Wirklichkeit nur Experten verstehen. Populärwissenschaftliche Artikel oder Bücher zu verfassen gilt als zweitrangige Beschäftigung und wird mit wenigen, bemerkenswerten Ausnahmen Verfassern ohne seriöse naturwissenschaftliche Bildung überlassen. Im Grunde ist das ein falscher Denkansatz. Wenn man wirklich von seinen eigenen Vorstellungen und ihrer Bedeutung überzeugt ist, sollte man versuchen, sie anderen so verständlich wie irgend möglich zu vermitteln.

Die Interpretationsleistung eines Musikers ist hochgeschätzt. Eine Beethoven-Sonate überzeugend zu interpretieren gilt als größere Leistung als die Komposition eines zweitrangigen Stücks. Ich würde ohne Zögern behaupten, daß die verständliche Darstellung eines Themas aus der modernen Naturwissenschaft wertvoller ist und mehr Reife und schöpferisches Denken erfordert als viele der sogenannten eigenständigen Forschungsarbeiten, wie sie Hunderte von Doktorarbeiten repräsentieren.

Aus einer ähnlichen Einstellung heraus möchte ich schließlich die Aufmerksamkeit auf den Nutzen lenken, den man aus der Verbindung von Forschung und Lehre ziehen kann – nicht nur für die

Lehre, die durch die Forschung lebendiger wird, sondern auch, und das wird zu selten betont, für die Forschung selbst.
Zur Illustration möchte ich nochmals mein gemeinsames Buch mit John Blatt über theoretische Kernphysik erwähnen. Als wir es schrieben, lernten wir beide viel über Physik. Ich entdeckte, daß der Versuch, ein Teilgebiet der Physik zu erklären, nicht nur dazu führt, frühere Arbeiten besser zu verstehen, sondern auch zahlreiche neue Ideen, Erklärungen und sogar Entdeckungen anregt. Ehrlich gesagt, mir schien es immer unmöglich, Forschung ohne Lehre zu betreiben. Ich fürchte, daß diese Überzeugung aus den erwähnten Gründen von den Spezialisten heutzutage kaum noch geteilt wird.

III Das soziale Schicksal der modernen Physik

Die Physik sucht nicht nur nach der Wahrheit, sie dient immer auch zugleich der Beherrschung der Natur. Diese beiden Aspekte sind nicht zu trennen; das Gegenteil zu behaupten ist reine Heuchelei. Was für die Physik gilt, gilt im übrigen für alle Naturwissenschaften: Sie sind nicht rein kontemplativ, sondern, ob man das will oder nicht, überaus praktisch, lebens- und gesellschaftsbezogen. Deshalb haben sie in den größten Tragödien wie in den glanzvollsten Fortschritten der Menschheit eine Rolle gespielt. Sie aufgrund dieser Rolle in der einen oder anderen Richtung zu beurteilen ist immer ein riskantes Unterfangen, denn man vergißt oder verdrängt nur allzu leicht die Widersprüche des Lebens.

Die Atombombe

Zumindest diese allgemeine Lehre ziehe ich aus dem Ereignis, das unsere moderne Geschichte geprägt hat, wie sonst kaum eines: der Herstellung der ersten Atombombe. Ich war direkt daran beteiligt, doch ich würde heute gern sagen können: ›Ich bin stolz darauf, daß ich mich geweigert habe mitzuarbeiten‹, wenn ich damals die Folgen geahnt hätte. Doch dieser Gedanke ist mir nicht gekommen, weil sich diese Frage damals gar nicht stellte. Im Gegenteil, wir – vor allem die Wissenschaftler, die aus dem von den Nazis besetzten Europa kamen – rechneten damit, daß Hitler die Bombe entwickeln würde. Schließlich war die Kernspaltung in Deutschland entdeckt worden. Die Bombe wäre in den Händen Hitlers eine entsetzliche Katastrophe gewesen, die es um jeden Preis zu verhindern galt. Die Alliierten waren gezwungen, die Bombe zu entwickeln. Und ich als Kernphysiker mußte daran teilnehmen.

Ich hatte Europa 1937 verlassen und lehrte an der kleinen Universität Rochester in den Vereinigten Staaten. Dort konnte ich nicht nur meine kernphysikalischen Forschungen fortsetzen, sondern begegnete auch bei Reisen an die Westküste Oppenheimer und Bloch, die eine Gruppe sehr tüchtiger Physiker um sich versammelt hatten.

Gleich zu Beginn des Krieges 1939 begann der Großteil der Physiker am Radar und an der Atombombe zu arbeiten. Ich persönlich wurde, wie alle anderen Wissenschaftler aus Deutschland oder Österreich, von diesen Forschungsprojekten ferngehalten; anfangs bekam ich nur Lehraufgaben zugewiesen.

Wie es der geschichtliche Zufall gewollt hatte, war die Kernspaltung kaum einige Monate vor Kriegsbeginn entdeckt worden. Es gab keinen Zweifel mehr, daß es möglich war, eine Superbombe zu bauen. Die Kriegszwänge intensivierten die Forschung so sehr, daß es Fermi schon 1942 gelang, eine nukleare Kettenreaktion auszulösen. Die technische Anwendung der Spaltung lag zum Greifen nahe.

Dann forderte man alle Physiker auf, egal aus welchem Land sie kamen, sich an der Entwicklung zu beteiligen. So bat mich Oppenheimer Anfang 1943, zu ihm nach Los Alamos zu kommen und an der Herstellung einer neuen Angriffswaffe mitzuarbeiten.

Auch wenn das schockierend sein mag: Ich bleibe dabei, daß die gemeinsame Arbeit in Los Alamos eine – wissenschaftlich und menschlich – faszinierende und bereichernde Erfahrung war. Schließlich waren hier einige der größten Köpfe, die während der beiden vorausgegangenen Jahrzehnte das Gebäude der Physik von Grund auf neu erbaut hatten, um ein gemeinsames Ziel versammelt: Niels Bohr, Enrico Fermi, James Chadwick, Rudolph E. Peierls, Emilio Segré und viele andere.

Überdies stellte sich uns eine noch nie dagewesene Aufgabe: Wir mußten das Verhalten der Materie unter Bedingungen vorhersagen, für die überhaupt noch keine experimentellen Erfahrungen vorlagen. Die erste große Testexplosion, die in Neu-Mexiko stattfand, widerlegte zudem einige unserer Voraussagen gründlich. Die Gammastrahlung war viel stärker, als wir gedacht hatten, und auch bezüglich der Absorption dieser Strahlung hatten wir uns geirrt.

Bekanntlich explodierten im Sommer 1945, nur dreizehn Jahre nach dem ersten Nachweis des Neutrons, zwei Atombomben über den japanischen Städten Hiroshima und Nagasaki. Sie töteten und verletzten mehr als eine Million Menschen. Die erste Bombe hätte den Krieg beenden können. Zumindest dachten wir das – wir waren überzeugt, einigen Millionen Menschen den Tod erspart zu haben. Ich war fassungslos angesichts der Explosion der zweiten.

Nach Kriegsende glaubten wir, ein weiterer weltweiter Konflikt sei unmöglich. Wir hofften auf eine internationale Kontrolle der Atomenergie, einschließlich der Bomben. Vierzig Jahre danach mag es scheinen, daß wir sehr naiv gewesen sind. Es gab keinerlei internationale Zusammenarbeit. Im Gegenteil, die Großmächte traten in den atomaren Rüstungswettlauf ein. Heute gibt es fast 50000 Bomben – genug, um die Sowjetunion, Nordamerika und Europa hundertmal zu vernichten!

Wir konnten uns damals nicht vorstellen, daß ein neues Zeitalter in der politischen Geschichte der Menschheit anbrach, ein Zeitalter, das zukünftige Generationen – sofern nicht die Katastrophe eines Atomkrieges die ganze menschliche Gattung auslöschte – als einen schweren Fall kollektiven Wahnsinns bewerten würden.

Werfen wir einen Blick auf die gegenwärtige Lage: Selbst Organisationen, die sich für den Frieden einsetzen, halten das Gleichgewicht des Schreckens, auf dem die friedlichen Beziehungen der Vereinigten Staaten und der Sowjetunion beruhen, für unvermeidlich. Ihr Kampf zielt daher im wesentlichen darauf, eine weitere Eskalation des Rüstungswettlaufs zu verhindern. So untersucht man also, welche Anzahl von strategischen Raketen mindestens nötig ist, um den Gegner zum Erstschlag zu zwingen. Doch jede neue technische Entwicklung, sei sie offensiv oder defensiv, erhöht tendenziell diese Zahl. Genau das ist die Logik der Eskalation!

Ich bestreite den Wert dieser Untersuchungen und der Bemühungen zur »Stabilisierung« des Gleichgewichts des Schreckens nicht; im Gegenteil, ich halte die ARM- und Salt-I-Verträge, zu denen die Pugwash-Bewegung entscheidend beigetragen hat, für einen bemerkenswerten Erfolg. Doch der Kern des Problems liegt woanders: Es gilt, die Tendenz umzukehren – die teuflische Logik zu

durchbrechen und Mittel zu finden, um die Aggressivität, die Angst und das Mißtrauen in Kooperationsbereitschaft zu verwandeln. Die beiden Supermächte müssen sich zum Nutzen der ganzen Menschheit Ziele von allgemeinem Interesse setzen.
Ich meinerseits bin nach wie vor davon überzeugt, daß dieser Wunsch Wirklichkeit werden kann, wenn man auf beiden Seiten, in Ost und West, die jeweiligen Ziele und Befürchtungen offenlegt. Die Zeiten, in denen jeder den anderen verdächtigen konnte, sein Gesellschaftsmodell mit Gewalt verbreiten zu wollen, sind vorbei.
Den Atomkrieg zu vermeiden ist heute die oberste Menschenpflicht. Zu vermeiden, daß die phantastischen Erfolge der Physik dieses Jahrhunderts, die uns die feinsten Strukturen der Materie enthüllt haben, nicht zu der endgültigen Katastrophe führen, das ist die vordringliche Aufgabe. Doch sie setzt bei Bürgern und Entscheidungsträgern so etwas wie eine »Konversion des Denkens« voraus: Sie dürfen nicht mehr in den militärischen Kategorien der potentiellen Konfrontation denken, sondern vielmehr in den politischen Kategorien der wechselseitigen Verantwortung. Niemand kann sich um die Erkenntnis herumdrücken, daß der atomare Rüstungswettlauf, der zur Stationierung von heute 50000 Atomwaffen geführt hat, auf die schrecklichste, katastrophalste, tückischste Vergiftung des Denkens zurückzuführen ist. Sie schlägt sich nieder in einer Verkümmerung der moralischen Kraft, sich der unbegrenzten Gewalt zu widersetzen. Diese Verkümmerung, die mit der massiven Bombardierung der Städte im Zweiten Weltkrieg ihren Anfang nahm, mündete in eine allgemeine Gleichgültigkeit. Der Osten und der Westen tragen gleichermaßen Schuld daran, weil sie die Völker der Erde dazu gebracht haben, die Idee und die Realität eines fortgesetzten Rüstungswettlaufs zu akzeptieren und sich an ein Leben mit ihm zu gewöhnen.
Selbst wenn diese Frage letzten Endes eine politische und meiner Meinung nach auch geistige oder moralische Frage ist und deshalb alle angeht, so ist doch hier die Verantwortung der Wissenschaftler in besonderer Weise gefordert. Die Wissenschaftler müssen sich mit den widersprüchlichen Einflüssen der Naturwissenschaften auf die Gesellschaft auseinandersetzen; sie müssen sich Klarheit verschaffen über die gesellschaftlichen Mechanismen, die dar-

über entscheiden, ob ihre Forschungsergebnisse zum Guten oder zum Schlechten angewendet werden; sie müssen versuchen, den Mißbrauch ihrer Entdeckungen zu tödlichen Zwecken zu verhindern; sie sollten sich immer darum bemühen, daß ihre Arbeit dem größtmöglichen Nutzen einer größtmöglichen Anzahl von Menschen dient. Wenn es sein muß, sollten sie auch eventuellem finanziellem und politischem Druck widerstehen und sich weigern, an Vorhaben teilzunehmen, die sie als verwerflich betrachten.
Ob sie wollen oder nicht, die Wissenschaftler stehen im Zentrum des gesellschaftlichen und politischen Lebens, seiner Spannungen und Auseinandersetzungen. Davor dürfen sie nicht die Augen verschließen, sondern sie müssen dies akzeptieren und entsprechend handeln.
Es sei mir gestattet, zur Konkretisierung erneut das Beispiel Niels Bohr aufzugreifen. Bohr war, wie gesagt, ein ganz großer Physiker, sogar einer der größten – man kann seinen Namen durchaus in eine Reihe mit Galilei, Newton, Maxwell und Einstein stellen. Seine Arbeiten über die Uranspaltung führten ihn in Bereiche, wo die Physik und die Zukunft der Menschheit hoffnungslos miteinander verzahnt sind. Doch schon lange vor diesen Entdeckungen war er in keiner Weise blind für die Welt, in der er lebte.
Als einem der ersten wurde Bohr bewußt, daß die Atomphysik eine entscheidende Rolle für die Zivilisation spielen würde; nach seiner Überzeugung würde sie über das Schicksal der Menschheit als Gattung mitentscheiden. Diese Weltoffenheit bestimmte sein Verhalten, als ein Strom von Wissenschaftlern Nazi-Deutschland verlassen mußte. Er organisierte für all diese Flüchtlinge am Kopenhagener Institut Hilfe und Unterhalt. Er ermöglichte es einigen von ihnen, ihre Arbeit an seiner Seite fortzusetzen: James Franck, Georg Charles von Hevesy, Georg Placzeck, Otto Robert Frisch und mir.
Als die Nazis im April 1940 Dänemark besetzten, weigerte sich Bohr, mit ihnen zusammenzuarbeiten und hielt engen Kontakt zum dänischen Widerstand. Nachdem er über Schweden und England in die Vereinigten Staaten gelangt war, sammelte er die Gruppe in Los Alamos wieder um sich. Er arbeitete nicht etwa aus Kriegsbegeisterung an der Atombombe, sondern weil er, wie wir alle, glaubte, daß sie notwendig sei. Damals konnte man noch die

Hoffnung auf ein rasches Kriegsende hegen. Doch er bemühte sich – als einziger –, über diese Hoffnung hinaus den Staatsmännern des Westens deutlich zu machen, welche Gefahr diese Bombe für die Menschheit bedeutete. Er traf sich mit Roosevelt und Churchill und versuchte, sie davon zu überzeugen, daß Ost und West sich angesichts dieser neuen, unabsehbaren Perspektiven einander annähern und die Welt offener machen müßten. Man weiß, wie es Bohr ergangen ist: Churchill verdächtigte ihn, den Sowjets gegenüber etwas zu viel Entgegenkommen zu zeigen.

Nach dem Krieg versuchte Bohr unermüdlich weiter, die politisch wachen Menschen auf die Gefahr des Rüstungswettlaufs hinzuweisen; und er setzte seine ganze Kraft und Begeisterung ein, um die Wissenschaftler aller Länder tatsächlich zusammenzubringen. Er unterstützte insbesondere den Aufbau des CERN in Genf.

Wissenschaft, Technik und Gesellschaft

Wenn ich mich so ausführlich mit der Frage der militärischen Anwendung kernphysikalischer Grundlagenforschung auseinandergesetzt habe, dann deshalb, weil ich hineinverwickelt war. Ein zweiter und vielleicht auch wichtigerer Grund ist, daß dieser extreme, tragische Fall immer noch eine wissenschaftskritische Bewegung antreibt, die ihre Kritik an den Naturwissenschaften mit einer Bewertung ihrer technischen Anwendungen begründet.

Diese Bewegung war Ende der sechziger und Anfang der siebziger Jahre besonders stark. Einige Wissenschaftler erlagen ihrem Sog und gingen damals so weit, ein »Moratorium« für die Grundlagenforschung vorzuschlagen. Man müsse, so meinten sie, die Arbeit unterbrechen und sie überdenken.

Meiner Ansicht nach beruhen diese Positionen auf einem tiefgreifenden Mißverständnis, dem auch heute noch viele kluge Köpfe aufsitzen: Es betrifft die Beziehung zwischen Grundlagenforschung und angewandter Forschung; oder, wenn man das vor-

zieht, es zeugt davon, wie schwierig es ist, die Frage des Verhältnisses von Wissenschaft, Technik und Gesellschaft richtig zu stellen.
So wird behauptet, der Großteil der gegenwärtigen wissenschaftlichen Forschung sei schädlich für die Gesellschaft, denn sie führe zu industriellen Innovationen, denen wiederum die Verschmutzung unserer Umwelt, der Streß des modernen Lebens sowie die Gefahr der totalen Vernichtung der Menschheit durch den Krieg anzulasten sei.
Richtig ist, daß sich die technische Veränderung sprunghaft beschleunigt hat. Es scheint in der Tat, als hätte sie eine Art kritischen Punkt in Zeit und Raum erreicht. Unsere Lebensweise wird heute durch neue Techniken so rasant und so radikal umgewälzt, daß sich dieser Umbruch im Laufe des Lebens einer Generation vollzieht. Darüber hinaus gibt es kaum noch Gegenden des Globus, Inseln, Ozeane, Wüsten oder Wälder, die nicht von den Auswirkungen dieser Veränderung betroffen sind. Da nun die Technik – insbesondere ihr wachsendes Umgestaltungspotential – in der Tat auf der Wissenschaft beruht, glaubt man, ihr auch die Verantwortung für alle Katastrophen zuschieben zu können.
Um deutlicher herauszuarbeiten, worin das Problem wirklich besteht, scheint es mir sinnvoll, einen Blick in die Geschichte zu tun. Dabei empfiehlt es sich zweifelsohne zu berücksichtigen, daß die enge Verbindung, die wir heute zwischen Wissenschaft und Technik kennen, erst seit sehr kurzer Zeit besteht. Die Technik ist fast immer der Wissenschaft vorausgegangen. Man denke nur an Galilei: Ohne die vorausgegangene Erfindung des Teleskops wäre er nicht Galilei geworden. Und als vor anderthalb Jahrhunderten die Dampfmaschine erfunden wurde, geschah das bekanntlich nicht durch die Anwendung der Thermodynamik, sondern im Gegenteil: Weil es die Dampfmaschine gab, wurde die Aufmerksamkeit auf die Natur heißer Gase gelenkt. Das gleiche könnte man von der gesamten Mechanik sagen, die sich nur unter der Voraussetzung entwickeln konnte, daß zuerst Maschinen oder, wie man im 17. Jahrhundert sagte, »Mechaniken« existierten.
Eines der ersten Beispiele, bei denen die Wissenschaft der Technik vorausging, ist der Elektromotor. In den Jahren 1834 bis 1835 hatten Michael Faraday, Franz E. Neumann und Wilhelm E. Weber

die Gesetze der Elektrizität und des Magnetismus entdeckt, und nur zwanzig Jahre später baute Werner von Siemens den ersten Elektromotor.

Heutzutage besteht eine sehr starke und enge »Symbiose« zwischen Technik und Wissenschaft. Die Technik braucht die Wissenschaft, um ihre Methoden zu entwickeln, und die Wissenschaft braucht die Technik, um ihre Instrumente zu konstruieren. Die moderne Physik wäre unmöglich ohne Laser, Teilchenbeschleuniger, Teleskope und andere komplizierte Apparaturen, die eine fortgeschrittene Technik voraussetzen. Umgekehrt ist die Technik auf die Wissenschaft angewiesen, wie die großen Forschungslabors wichtiger Industrien zeigen. Man denke nur an das Labor von Philips in den Niederlanden oder die Bell-Laboratorien in den Vereinigten Staaten.

Doch bevor wir uns fragen, ob man daraus schließen muß, daß wissenschaftliches und technisches Denken identisch sind, möchte ich anmerken, daß diese Symbiose nicht nur schädliche Auswirkungen gehabt hat. Man stellt die negativen Aspekte des technischen Fortschritts heraus und vergißt seine positiven, so als ob sie ganz natürlich seien. Man darf aber nicht vergessen, daß es die medizinische *Wissenschaft* war, die die durchschnittliche Lebensdauer der Menschen verdoppelt und zahlreiche Krankheiten ausgerottet hat und heute in der Lage ist, in vielen Fällen den Schmerz zu unterdrücken.

Muß man nicht auch, wenn man über die Bombe gesprochen hat, den unmittelbaren, praktischen Nutzen der kernphysikalischen Arbeit von Marie Curie in der Strahlentherapie des Krebses erwähnen? Ich gebe durchaus zu, daß in vielen Fällen die Technik im Lauf ihrer Entwicklung Folgen gezeitigt hat, die ihrem ursprünglichen Ziel zuwiderlaufen. Selbst bei der Medizin ist offenkundig, daß die Verlängerung des Lebens demographische Auswirkungen gehabt hat, die nicht alle begrüßenswert sind. Über die Gewässerbelastung durch die Überdüngung und die Vergiftung der Atmosphäre durch den Verkehr wollen wir hier gar nicht reden.

Man muß jedoch sorgfältig zwischen zwei Arten von Problemen unterscheiden: zwischen ausschließlich gesellschaftlichen und politischen Problemen und Problemen mit einem maßgeblichen technischen Aspekt. Wenn es zum Beispiel um den Einsatz der

Kernenergie zu Vernichtungszwecken geht, dann handelt es sich ausschließlich um ein gesellschaftliches und politisches Problem. Zu seiner Lösung muß man Mittel finden, um bewaffnete Konflikte zu vermindern und zu verhindern; das ist an sich kein naturwissenschaftliches oder technisches Problem. Genauso eindeutig gilt dies zum Beispiel für bestimmte Probleme im Zusammenhang mit der Verstädterung und der Umweltverschmutzung.
Wenn es sich dagegen um schädliche Auswirkungen der Industrialisierung auf die Umwelt und beispielsweise den Einfluß der Kohlendioxidproduktion auf die Atmosphäre und das Klima handelt, haben wir es mit einem ganzen Bündel komplexer Phänomene zu tun, die noch erforscht und erklärt werden müssen. Zur Lösung dieser Probleme können die Naturwissenschaften bekanntlich durch neue Erkenntnisse beitragen; ohne wissenschaftlichen Fortschritt gibt es keine Lösung.
Nach diesen Ausführungen dürfte klar sein, daß es wesentlich darauf ankommt – auch um effektiv auf die letzte Herausforderung reagieren und schädliche Technikfolgen korrigieren zu können –, die Methoden der angewandten Wissenschaft, also die Technologie, nicht mit der Grundlagenforschung zu verwechseln. Das sind zwei unterschiedliche Gebiete, die trotz ihrer gegenwärtigen Verzahnung unterschiedlich bleiben.

Plädoyer für die Grundlagenforschung

Die Naturwissenschaft entspringt zuallererst einem zutiefst menschlichen Bedürfnis: dem Streben nach Erkenntnis – Erkenntnis der grundlegenden Naturgesetze, die die Welt, in der wir leben, beherrschen. Beobachten und die beobachteten Phänomene klassifizieren, um Ordnung in sie zu bringen und sie mit menschlichem Erfindungsgeist besonderen, ungewöhnlichen Bedingungen zu unterwerfen, um das Absolute und Unveränderliche an ihnen zu bestimmen, das ist die Seele der Grundlagenforschung. Diese entwickelt sich – muß sich entwickeln – mit keinem anderen Ziel, als Wissen zu erwerben und zu mehren.

Es mag paradox erscheinen, aber genau diese »zweckfreie« Wissenschaft bringt die neuen Ideen hervor, die gerade die effizientesten Anwendungen ermöglichen.

Das vorrangige Ziel der Naturwissenschaft ist nicht die Anwendung. Noch einmal: Es geht ihr darum, die Ursachen und die Gesetze besser zu verstehen, die den Naturvorgängen zugrundeliegen. Doch ein besseres Verständnis der Naturvorgänge birgt in sich fast immer die Möglichkeit, sie oder zumindest andere Vorgänge, die mit dem erforschten Prozeß zusammenhängen, zu beherrschen. Der wissenschaftliche Fortschritt deckt bekanntlich immer zahlreichere und engere Beziehungen zwischen Vorgängen auf, die zuvor scheinbar überhaupt nichts miteinander zu tun hatten.

Wenn man zum Beispiel die Sonnenkorona erforscht, kann man das Verhalten hochionisierter Gase in Magnetfeldern besser verstehen. Dieses Wissen aber erweist sich als technisch eminent bedeutend. Doch die Astrophysiker, die diese für die Technik nutzbringenden Erkenntnisse gewannen, hatten diese Anwendung in keiner Weise beabsichtigt. Erst die angewandte Forschung erkannte im nachhinein, welche Möglichkeiten in den (astrophysikalischen) Ergebnissen lagen, und verwerteten sie für industrielle Zwecke.

H. Casimir hat unlängst überzeugend nachgewiesen, daß die entscheidenden technischen Fortschritte dieses Jahrhunderts von Wissenschaftlern erzielt wurden, die überhaupt nicht auf bestimmte, praktische Ziele hinarbeiteten.

»Man könnte die Frage stellen«, so schreibt er, »ob diejenigen, die Computer bauen wollten, auch in der Lage gewesen wären, die elementaren Schaltkreise dafür zu entwerfen. Aber es waren Physiker, die sich für Kernphysik interessierten und in den dreißiger Jahren die Computerschaltkreise entwickelten, um damit subatomare Teilchen zu zählen. (...) Man könnte fragen, ob man auf die elektromagnetischen Wellen gestoßen wäre, hätte man lediglich das Bedürfnis nach besseren Kommunikationsmitteln befriedigen wollen. So war es aber nicht. Gefunden wurden sie von Heinrich Hertz, der sich von der Schönheit physikalischer Gesetze leiten ließ und an die Betrachtungen James Clark Maxwells anknüpfte.«

Casimir führt zahlreiche weitere Beispiele an und schließt daraus: »Es gibt kaum ein Beispiel für einen technischen Fortschritt im 20. Jahrhundert, der sein Zustandekommen nicht in dieser Weise der Grundlagenforschung verdankt.« Ich teile seinen Standpunkt. Und ich füge hinzu, daß die Erklärung dafür einfach ist: Das Experimentieren und Beobachten an der Grenze zum Unbekannten erfordert häufig technische Mittel, die die Möglichkeiten der vorhandenen Technik überschreiten. Deshalb entspringen zahllose bedeutende technische Erfindungen nicht dem Wunsch, ein bestimmtes, praktisches Ziel zu erreichen, sondern dem, die Grenzen des Bekannten zu erweitern.
Aus diesen allgemeinen Betrachtungen kann man sehr konkrete und aktuelle Schlußfolgerungen für die physikalische Forschung ziehen, insbesondere für die Teilchenphysik und die Astrophysik. Die Anlagen und Geräte, die notwendig sind, um das Verhalten von Elementarteilchen zu beobachten oder die Grenzen des Universums zu untersuchen, sind bekanntlich äußerst kostenintensiv. Die notwendigen enormen Budgets übersteigen oft die Möglichkeiten eines einzelnen Staates. Wenn man, wie manche Leute, die Naturwissenschaft vornehmlich unter dem Aspekt des technischen Nutzens sieht, wird man fragen: »Wozu das alles?« Mesonen und Quarks erscheinen nur, wenn die Materie einer extrem hohen Energie ausgesetzt wird, wie sie auf der Erde normalerweise nirgends vorkommt: Wäre es da nicht besser, diese riesigen Summen in eine Forschung zu investieren, die sich mit unseren ökonomischen und sozialen Problemen befaßt?

Diese Überlegung ist aus den bereits genannten Gründen falsch und sogar gefährlich. Denn diese Forschung wird zweifelsohne eines Tages zu nützlichen Anwendungen führen, zumindest wenn die menschliche Vernunft die Oberhand behält. Die künstliche Radioaktivität hat die Medizin in einigen Bereichen revolutioniert; die Kernspaltung stellt eine Energiequelle dar, deren Möglichkeiten – zum Guten oder zum Schlechten – noch nicht ausgeschöpft sind. Alles spricht dafür, daß sich morgen Astrophysik und Teilchenphysik, wenn sie den Schleier des Unbekannten weiter gelüftet haben, in vergleichbarer, wenn auch unvorhersehbarer Weise auswirken. Wer weiß, ob nicht sogar manche negativen Folgen der

technischen Entwicklung durch »Nebenprodukte« dieser Forschungen gelöst werden können?
Ich darf abschließend hinzufügen, daß ich die Weiterentwicklung der Grundlagenforschung als eine Art Pflicht betrachte, die uns auferlegt ist: Das Abenteuer »Mensch« ist in dem Augenblick im Gleichklang mit dem Abenteuer »Universum«, wo die Natur beginnt, im Menschen sich selbst zu verstehen. Deshalb müssen wir von Generation zu Generation unermüdlich, über alle Grenzen hinaus, in einer gemeinsamen Anstrengung unser Wissen erweitern und vertiefen. Vielleicht trägt die Teilchenphysik unter anderem das Verdienst, zu diesem Bewußtwerdungsprozeß beigetragen zu haben, weil sie es nötig machte, daß die wissenschaftliche Elite aller Länder zusammenarbeitete.

Philosophie der Komplementarität

Jetzt wird man verstehen, daß ich den heute so verbreiteten Standpunkt, die Wissenschaft sei unmenschlich oder entmenschliche die Welt, nicht teile. Diejenigen, die diese Ansicht vertreten, meinen, daß die Wissenschaft alles in mathematischen Begriffen fassen wolle und daher einen bedeutenden Teil der menschlichen Erfahrung ausschließe oder verleugne: das Emotionale und das Irrationale. Werturteile, die Unterscheidung von Gut und Böse, persönliche Gefühle – all dies habe keinen Platz in der Wissenschaft. Deshalb habe die einseitige Entwicklung des wissenschaftlichen Denkens wichtige und wertvolle Aspekte der menschlichen Erfahrung unterdrückt und ein entfremdetes Individuum in einer von Wissenschaft und Technik beherrschten Welt hervorgebracht.
Ich halte es zur Erörterung dieser Probleme für nötig, auf den Begriff der Komplementarität zurückzugreifen, wie ihn Bohr vertreten hat. Bekanntlich führte Bohr diesen Ausdruck im Jahr 1927 beim internationalen Kongreß für Physik ein, der aus Anlaß des hundertsten Todestages von Alessandro Volta in Como stattfand. Bohr wollte eine allgemeine Formel schaffen, um die tiefe Kluft zwischen der klassischen und der quantentheoretischen Darstel-

lung physikalischer Phänomene angemessen überbrücken zu können.

Das Beispiel, das Bohr in Como wählte, war die Natur des Lichts. Er nahm sich vor, klassische und quantentheoretische Darstellung in Einklang zu bringen. Mußte die Kontinuität, das wesentliche, der klassischen Darstellung zugrundeliegende Kriterium, in unversöhnlichem Widerspruch zu der diskreten, diskontinuierlichen Natur der atomaren Prozesse bleiben? Bohr schlug vor, nicht zu versuchen, die Antithesen aufzulösen, sondern sie als sich wechselseitig ergänzende, also komplementäre Ereignisbeschreibungen in zwei Sprachen aufzufassen. Wenn man die Natur in ihrer Gesamtheit begreifen wolle, so sagte er, müsse man sich mit Hilfe komplementärer Beschreibungen ausdrücken.

Sehr schnell erweiterte Bohr dann das Komplementaritätsprinzip über seine ursprüngliche Bedeutung hinaus. Zum Beispiel wagte er bei einer berühmten Konferenz im Jahre 1933 die Behauptung, das Phänomen des Lebens einerseits und die von der Physik und Chemie ermittelten Tatsachen andererseits stünden im Widerspruch zueinander, könnten aber auch als komplementär gedacht werden. Er erläuterte weiter, daß alle Bemühungen, die Gültigkeit der Physik in allen Einzelheiten an einer lebenden Zelle zu verifizieren, sie unweigerlich töten und so das Forschungsobjekt zerstören würden. Es könnte aber einen neuartigen, völlig anderen Zustand der Materie geben, der immer in Einklang mit den Gesetzen der Physik stünde, jedoch ihrer üblichen Praxis nicht zugänglich sei.

Wie dem auch sein mag – die Fortschritte der Molekularbiologie haben übrigens diese Idee offenbar entkräftet –, Bohr scheint mir mit seiner Erweiterung des Komplementaritätsbegriffs eine äußerst nutzbringende Denkweise vorexerziert zu haben: Jedes Phänomen ist wissenschaftlich verstehbar, doch das schließt nicht aus, daß es menschliche Erfahrungen außerhalb der Wissenschaft gibt und immer geben wird. Demonstrieren wir das an nur einem Beispiel: Wie beschreibt man eine Beethoven-Sonate aus wissenschaftlicher Sicht? Physikalisch gesehen ist sie eine quasiperiodische Oszillation, die durch den Luftdruck modifiziert wird; physiologisch gesehen ist sie eine Folge komplexer Nervenreize.

Das ist alles, was die Naturwissenschaft über eine solche Sonate sagen kann, und in wissenschaftlicher Sichtweise hat man mit diesen beiden Beschreibungen eine »vollständige« Erklärung. Doch wird jeder zugeben, daß diese »Erklärung« gerade die Elemente des Phänomens nicht enthält, die wir als die wesentlichen einer Sonate betrachten. Auch eine eingehende psychologische Untersuchung dessen, was sich beim Hören dieser emotional so bewegenden Töne abspielt, bleibt enttäuschend: Sie kann dem unmittelbaren, direkten Erlebnis der Musik nicht gerecht werden.

Komplementäre Aspekte finden sich in jeder menschlichen Situation wieder. Es gibt menschliche Erfahrungen in den Bereichen des Gefühls, der Kunst, der Moral, der persönlichen Beziehungen, die ebenso real sind wie alles, was wir mit unseren fünf Sinnen messen können; gewiß kann man die Auswirkungen dieser Erfahrungen einer wissenschaftlichen Analyse unterziehen, doch ihre Bedeutung und ihr unmittelbarer Bezug zu unserer Empfindung gehen in einer solchen Analyse meist verloren, genau wie die Quantennatur des Atoms verlorengeht, wenn man es der Beobachtung unterwirft.

Unsere These ist also, daß es wichtige menschliche Erfahrungsbereiche gibt, die der Wissenschaft nicht zugänglich sind. Es gibt beispielsweise keine vollständige wissenschaftliche Definition von Gut und Böse, von Mitleid, Haß, Liebe oder Glauben, von Gefühlen wie Würde oder Erniedrigung und vom Glück. Es ist sicher möglich und wünschenswert, die nervösen und psychischen Prozesse zu analysieren, die bei solchen Empfindungen oder Vorstellungen ablaufen. Die neuesten Fortschritte der Neurophysiologie und der Biochemie sprechen dafür, daß bald ein viel tieferes wissenschaftliches Verständnis dieses Aspekts der menschlichen Erfahrung möglich sein wird. Vielleicht sind wir sogar bald in der Lage, solche Prozesse zu modifizieren oder auszulösen. Dennoch bleiben wichtige Aspekte dem wissenschaftlichen Zugriff entzogen. Und das sind meist genau diejenigen, die uns am unmittelbarsten berühren.

Mit diesen anderen Aspekten befassen sich Kunst, Dichtung, Literatur, Musik, Ethik, Philosophie, Religion, Mythologie – auf allen diesen Gebieten drücken sich andere Formen menschlicher Kreativität aus als in der Wissenschaft. Der Kontrast zwischen ihrer und anderen Zugangsweisen entspricht nicht notwendig dem Kontrast zwischen rationalem und emotionalem Denken. Man kann sehr wohl rational über Empfindungen und Gefühle, über Musik und sonstige Kunst, auch über ethische Fragen reden. Andererseits kann man auch emotional über wissenschaftliche Themen reden, etwa über die Wunder der Natur, die Unermeßlichkeit des Raums, die Entwicklung des Universums nach dem Urknall.

Doch man muß festhalten, daß es im Rahmen jeder Zugangsweise eine bestimmte Redeweise, einen bestimmten Diskurs gibt, der einleuchtend und prägnant erscheint, wenn man ihn anhand seiner eigenen Wertmaßstäbe beurteilt, jedoch zusammenhanglos und schwammig, wenn man ihn mit der Elle einer anderen, komplementären Zugangsweise mißt. Die eine Sichtweise ist komplementär zu der anderen, und wir müssen uns aller Sichtweisen bedienen, wenn wir die ganze Bedeutung unserer Erfahrungen begreifen wollen.

Unglücklicherweise akzeptiert der menschliche Verstand komplementäre Aspekte nicht ohne einen gewissen Widerstand. Wir neigen stark zu einfachen, allgemeingültigen Antworten, die andersgeartete Sichtweisen ausschließen. Zum Beispiel wird die wissenschaftliche Zugangsweise häufig als die einzig seriöse und vernünftige betrachtet; kein Bereich der menschlichen Erfahrung scheint dem wissenschaftlichen Denken prinzipiell unzugänglich zu sein, obwohl die Erforschung der mentalen Prozesse selbst noch in den Kinderschuhen steckt.

Wie gesagt ist der Anspruch der Wissenschaft in gewissem Sinn nicht gerechtfertigt. Doch auch wenn wir unsere Art, zu denken und zu empfinden, wissenschaftlich erklärt haben, werden wir immer noch andere Methoden, andere Diskurse verwenden müssen, um unsere Erfahrungen zu vermitteln. Ein Denksystem wie die Wissenschaft kann in ihrem eigenen Bezugsrahmen »vollständig« sein, doch außerhalb dieses Rahmens entziehen sich ihr viele Dinge. Die Vorurteile mancher Menschen, die sich häufig mit Schärfe gegen Wissenschaft und Technik aussprechen, stammen meist aus einer Art mehr oder weniger bewußtem Widerstand gegen den impliziten Anspruch der Wissenschaft, die einzigen legitimen und vernünftigen Erklärungen geben zu können. Ich betone abschließend noch einmal die Komplementarität zwischen den verschiedenen Denkweisen, die ich gerade am Beispiel für Bohr gezeigt habe; ich glaube, diese Philosophie eröffnet die Möglichkeit, sowohl den Wert nichtwissenschaftlicher Denkweisen als auch den inneren Wert der Wissenschaft, die heute zu sehr in Verruf geraten ist, anzuerkennen.

Bibliographie

Bohr, N.: Atomphysik und menschliche Erkenntnis, Stuttgart 1985

Feynman, R. P.: Vom Wesen physikalischer Gesetze, München 1990

ders.: Q. E. D. Die seltsame Theorie des Lichts und der Materie, München 1990[3]

Weinberg, S.: Die ersten drei Minuten, München 1986[6]

FISCHER LOGO

FÜR DEN SPIELRAUM IM KOPF

Die derzeit wohl am besten verständliche, mit Sicherheit die originellste Einführung in die moderne Physik, die unser Bewußtsein verändert.

FRED ALAN WOLF
DER QUANTENSPRUNG IST KEINE HEXEREI
Die neue Physik für Einsteiger
Band 8715

FISCHER TASCHENBUCH VERLAG

Fi 1077/1

FISCHER LOGO

FÜR DEN SPIELRAUM IM KOPF

Naturwissenschaftliche Belletristik

RUDY RUCKER
LAFCADIO UND
DIE SEXKUGEL
Ein physikalischer Roman
Band 8704

Eine kurzweilig, spannend und temporeich erzählte Geschichte, die von ›höheren Dimensionen und Sex‹ berichtet.
Politische, mathematische, erotische Verwicklungen um ein unersättliches Kügelchen Hypermaterie namens Babs.

RUDY RUCKER
MIXMISCHMASCH
Geschichten aus der
Hypersphäre
Band 8705

Achtzehn Stories, achtzehn Delikatessen für den Verstand. Lekkerbissen, die beim Lesen in den Windungen der ›alten grauen Masse‹ wie auf der Zunge zergehen. Die Geschichte eines amerikanischen Mathematikprofessors, der auszog, das Fürchten zu verlernen, das Unbekannte mit analytischem Verstand durchdringt, ins Jenseits springt und die Schwerkraft überwindet.

FISCHER TASCHENBUCH VERLAG

fi 1082/1

FISCHER LOGO

FÜR DEN SPIELRAUM IM KOPF

Unterhaltungslogik

RAYMOND SMULLYAN
SIMPLICIUS UND DER BAUM
Philosophische Phantasien, paradoxe Scherzrätsel und eine historische Überraschung
Band 8711

Eine amüsante Sammlung hintersinniger Rätseldialoge des berühmten Logikprofessors. Collagen von Max Ernst machen aus diesem Buch ein einzigartiges Kunststück der Unterhaltungslogik, voller Überraschung und philosophischem Witz.

RAYMOND SMULLYAN
SPOTTDROSSELN UND METAVÖGEL
Computerrätsel, mathematische Abenteuer und ein Ausflug in die vogelfreie Logik. Band 8712

Der bekannte Zauberer der Mathematik entwickelt in dieser Sammlung mit Hilfe von Göttern, Dämonen und Inspektor Craig die kombinatorische Logik – mit all ihren Fußangeln und Fallgruben. Ein Smullyan für Anspruchsvolle!

FISCHER TASCHENBUCH VERLAG

FI 1125/1